图解
计算机组装与维修

信海舟　编著

化学工业出版社

·北京·

内容简介

本书对计算机的组装与维修进行了全面系统的讲解。全书共9章，依次对电脑的用途、分类、硬件系统、软件系统，电脑的内外部组件的结构、参数、挑选技巧，电脑组装的各项准备及安装和连接步骤、操作系统的下载、介质制作、安装和配置过程，电脑故障的排查思路、各部件的常见故障及维修方法、操作系统主要的备份和还原手段、电脑的各种清理和优化方案，局域网的结构、设备、连接及配置过程等进行了详细的阐述。

本书在进行各种知识点的讲解时，辅以大量生动形象的图解对话、实物图片、操作图片，使内容更加直观易懂。书中还穿插了"知识拓展"，用来进一步介绍专业知识；在章末还安排了"专题拓展"，介绍一些前沿且实用的技术，开阔读者的视野。

本书非常适合计算机初级用户、计算机爱好者、软硬件维修人员、运维人员、硬件工程师等自学使用，也适合作为职业院校或培训机构相关专业的教材。

图书在版编目（CIP）数据

图解计算机组装与维修 / 信海舟编著 . -- 北京：化学工业出版社，2024. 12. -- ISBN 978-7-122-46479-8

Ⅰ. TP30

中国国家版本馆 CIP 数据核字第 202436U227 号

责任编辑：耍利娜　　　　　　　　　文字编辑：吴开亮
责任校对：李露洁　　　　　　　　　装帧设计：王晓宇

出版发行：化学工业出版社
　　　　　（北京市东城区青年湖南街 13 号　邮政编码 100011）
印　　装：北京瑞禾彩色印刷有限公司
710mm×1000mm　1/16　印张 17　字数 346 千字
2025 年 2 月北京第 1 版第 1 次印刷

购书咨询：010-64518888　　　　　售后服务：010-64518899
网　　址：http://www.cip.com.cn
凡购买本书，如有缺损质量问题，本社销售中心负责调换。

定　　价：89.00 元

第1章 全面认识电脑

第2章 电脑的内部组件

第3章 电脑的外部组件

第6章 电脑故障检测及排除

第7章 电脑的备份及灾难恢复

第8章 电脑的清理及优化

第9章 家庭局域网的组建与维护

　　随着科技的飞速发展，个人计算机（电脑）已经成为日常工作、生活中不可或缺的一部分。然而电脑在使用过程中难免会出现各种故障。为了帮助大家更好地了解和掌握电脑组装与维修的技能，我们特地编写了本书。

　　本书由多年从事计算机组装与维修工作的高级硬件工程师编写，以图解的方式，详细介绍了电脑组装与维修的各个步骤和操作技巧。书中的内容涵盖了电脑硬件基础知识、硬件知识、电脑组装过程、系统的安装、常见故障分析与排除、备份、优化、局域网的搭建等，涉及了电脑的各个方面。本书向读者展示了目前最新的电脑组装思路、日常优化维护技巧、故障快速排除等，让读者能快速地根据电脑表现定位故障点，快速准确地排除故障，最终做到学以致用。

本书特色

1. 从零开始、细致全面

　　本书从硬件开始，从认识设备讲到选购设备、从系统的安装讲到设置、从故障的排查讲到排除、从系统的各种备份讲到灾难恢复、从垃圾文件的清理讲到系统的优化，最后到局域网的组建，全面细致，一步步带领读者掌握电脑组装与维修的各种技能。

2. 图文并茂、深入浅出

　　本书精选了知识点，采用图解的方法，将大量的图片、对话等穿插在文中，生动形象地向读者介绍每一个知识点，减少了阅读时的枯燥感。读者不仅更容易理解，而且加深了视觉印象，在轻松愉悦的氛围中，快速掌握相关知识。

3. 培养思路、触类旁通

　　本书并不是单纯介绍产品和维修的步骤，而是通过实例，培养读者在碰到问题后的专业逻辑思维能力。电脑是一个整体，出现的故障复杂多样，只有良好的思路才能应对各式各样的问题，积累了足够的实践经验后，才能造就一位高级的电脑硬件工程师。

学习指导

　　在学习本书时，建议读者结合各种电脑硬件实物，培养观察能力、动手能力，同时与一些专业的平台相对照，了解最新的硬件的功能、参数、价格等信息，让理论与实践相结合。推荐加入一些大型的专业聊天群，通过与群友互动来了解硬件信息、搭配技巧、故障案例以及排除的过程。只有通过不断积累各方面的知识，不断解决各种故障案例，才能更好地了解并使用电脑，成为别人眼中的"大神"。

内容导读

章节	内 容 概 述
第1章	主要讲解计算机的出现与发展、个人计算机（电脑）的出现、计算机的主要用途、计算机的分类、电脑的类型、电脑的硬件组成、电脑的软件组成、电脑的选购流程等
第2章	主要讲解CPU的主要代表产品、主要的参数及选购的技巧，主板的作用、通道、版型、功能芯片、接口、选购及搭配，内存的结构及作用、参数与选购技巧，显卡的结构、参数及选购技巧，机械硬盘和固态硬盘的参数、选购技巧及注意事项、电源的作用、参数与选购技巧、全模组电源，机箱的分类及选购技巧等
第3章	主要讲解液晶显示器的组成、显示原理、参数和选购，鼠标的分类、参数及选购，键盘的分类、参数和选购，音箱、耳麦、麦克风的功能参数和选购，打印机的分类、参数和选购，扫描仪的分类、参数与选购、摄像头的分类、参数和选购等
第4章	主要讲解组装电脑的工具准备、设备准备、安装流程准备，内部组件的安装步骤，外部组件的连接操作等
第5章	主要讲解操作系统的下载方法、安装介质的制作、硬盘的分区操作、升级安装操作系统的过程、全新安装操作系统的过程、使用部署工具安装操作系统的过程、Windows 11的常见设置等
第6章	主要讲解电脑维修工具，电脑故障的主要分类、产生原因，电脑故障的排查原则、检测方法、排查顺序，各组件的常见故障及维修方法、使用系统自带功能修复电脑等
第7章	主要讲解使用还原点备份还原、使用文件历史记录备份还原文件、使用"备份和还原（Windows 7）"功能备份还原、使用系统映像备份和还原系统、重置系统、注册表的备份和还原、使用PE恢复误删除的文件及清空和重置账户密码等
第8章	主要讲解电脑垃圾文件清理的几种方法、常见的一些电脑优化操作、使用第三方工具对电脑进行清理和优化的操作步骤等
第9章	主要讲解局域网的概念、特点、常见术语，常见设备，硬件的连接，网络软件的设置，局域网故障的排查思路及排查流程等

适用群体

本书内容全面，涵盖了电脑硬件与组装、操作系统安装、故障排查与维修、备份与还原、清理与优化、局域网组建与维护等各个方面，非常适合以下人士阅读：

- 电脑初学者
- 电脑爱好者
- 计算机软硬件工程师
- 公司运维人员
- 电脑维修工程师
- 院校师生以及电脑培训机构学员

本书在编写过程中力求严谨细致，但由于时间与精力有限，疏漏之处在所难免，望广大读者批评指正。

编著者

第 1 章

全面认识电脑

本章重点难点

- 计算机的出现
- 电脑的分类
- 电脑的外部组件
- 计算机的主要用途
- 电脑的内部组件
- 电脑的软件

电脑是个人计算机（personal computer，PC）的别称，是20世纪最伟大的发明之一，是人类智慧的结晶，对人类的生产和生活产生了极为重要的影响。本章将首先向读者介绍电脑的由来和组成等内容。

首先，在学习本章内容前，
先来几个问题热热身。

热身问题

怎么样，虽然经常看到这样的问题，但是回答起来感觉还是有一定难度吧。那我们下面一起看下参考答案。

初级：您经常接触哪些种类的电脑？

中级：您知道电脑是由哪些部件组成的吗？

高级：您知道电脑的操作系统有哪些吗？

参考答案

初级：大部分读者接触比较多的是品牌机、组装机、笔记本电脑、一体机等。

中级：普通的电脑硬件包括主机（CPU、内存、主板、硬盘、显卡、电源、机箱、散热器等）、显示器、鼠标、键盘等。其他外部设备还包括打印机、摄像头、音箱或耳麦、扫描仪以及各种USB设备。软件包括操作系统、应用软件。

高级：电脑的操作系统包括Windows系列（Windows 10、Windows 11、Windows 7等）、Linux系列（Ubuntu、Fedora、Debian、CentOS、Kali等）、服务器操作系统（Windows Server系列、RHEL系统）、苹果电脑系统（MacOS）系统、安卓系统等。

是不是有些懵，看不懂也没关系，本章就将向读者介绍这些内容。下面就进行我们的讲解。

▶ 1.1 计算机的出现和发展

电脑的学名应该称为个人计算机，也叫做个人电脑，是计算机的一种。计算机（computer）是一种用于高速计算的电子计算机器，可以按照提前设计好的程序高效、自动地运行，负责处理大量的数据和逻辑计算。在讲解电脑的组成前，首先介绍计算机的发展历史。

▶ 1.1.1 计算机的出现

计算机出现于第二次世界大战：弹道等使用人工方式计算不仅速度慢而且易出现各种差错，精度也无法有效控制，所以需要一种专业的计算设备对数据进行计算。

（1）第一台通用计算机的出现

为了帮助军方完成弹道计算，宾夕法尼亚大学电子工程系教授约翰·莫克利（John Mauchly）和他的研究生埃克特（John Presper Eckert）计划采用真空电子管建造一台通用的电子计算机，随后被军方采纳。他们在1946年2月14日，成功研制了被广泛认为是第一台通用计算机的ENIAC（electronic numerical intergrator and computer，电子数字积分计算机）。这台计算机拥有高速计算能力，但体积巨大，耗电量非常惊人。不久之后，通过改良，他们又研制了新型的电子计算机EDVAC（electronic discrete variable automatic computer，离散变量自动电子计算机）。

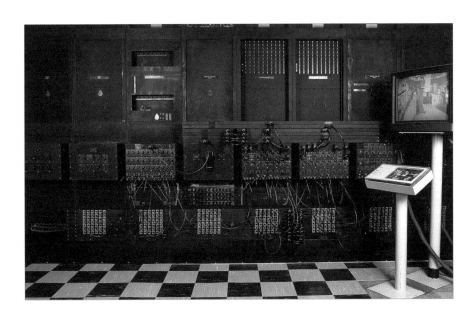

（2）冯·诺依曼与计算机

冯·诺依曼也参与了EDVAC的研制，EDVAC成为了当时世界上计算速度最快的计算机。

冯·诺依曼的贡献不仅在计算机的研制领域，其对于计算机的设计思想一直影响到现在。其主要的贡献包括以下几点：

- **二进制**：计算机的运算和存储，都使用二进制。二进制在电路中的实现较为简单，可以大大简化计算机的逻辑线路，增强了计算机的稳定性和容错性。

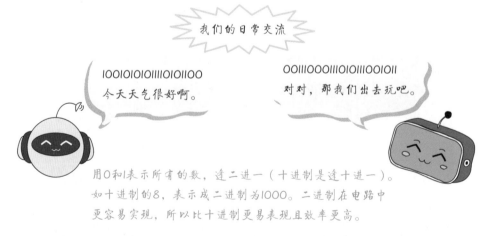

用0和I表示所有的数，逢二进一（十进制是逢十进一）。如十进制的8，表示成二进制为1000。二进制在电路中更容易实现，所以比十进制更易表现且效率更高。

- **程序和数据的存储引出了存储程序的概念**：计算机自动调用算法程序和数据，自动计算，不需要人工干预，人们只要等待输出结果即可。
- **计算机的组成结构**：包括运算器、逻辑控制装置（控制器）、存储器、输入设备、输出设备。在该结构中，重点描述这5个组成部分的职能和相互的关系。

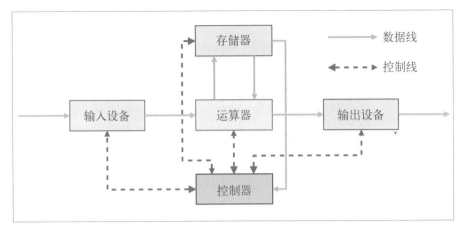

由于对计算机设计思想的突出贡献，冯·诺依曼被誉为"现代电子计算机之父"。

▶ 1.1.2　计算机的发展

计算机的发展一共经历了四代，主要是以构成计算机的逻辑元件为标准进行划分的。

（1）第1代：电子管计算机（1946—1958年）

逻辑元件采用的是真空电子管。电子管计算机体积大、功耗高、速度较慢，且不能长时间工作。采用了磁鼓、小磁芯进行数据存储，存储容量有限。采用机器语言或汇编语言，主要被用来进行弹道的计算。

（2）第2代：晶体管计算机（1958—1964年）

逻辑元件采用的是晶体管。相较于电子管计算机，晶体管计算机的体积更小、耗电少、成本低、运算更快、可靠性增强，同时寿命也延长了很多。内存采用了磁芯，辅助存储为内部存储。采用了高级语言和编译程序，已经出现了早期的操作系统。

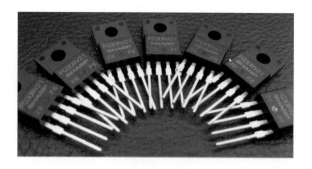

（3）第3代：中、小规模集成电路计算机（1964—1970年）

此时的逻辑元件采用的是中、小规模集成电路，内存采用了半导体存储器，外存采用磁盘、磁带。体积缩小、价格降低、功能增强、运算速度进一步提高。软件上广泛使用操作系统，产生了分时、实时等操作系统。

（4）第4代：大规模集成电路计算机（1970年至今）

逻辑元件采用大规模及超大规模集成电路，处理能力大幅度提升。内存使用半导体存储器，外存采用磁盘、磁带、光盘等大容量存储器。操作系统不断完善，开始使用数据库管理系统。

▶ **1.1.3　电脑的出现**

电脑属于计算机的一个分支，从Intel 4004到后来的8080，微处理器的进步促进了电脑的发展。1981年8月12日，IBM公司推出世界上第一台电脑5150，个人计算机（PC）这一术语正式确定下来。IBM PC使用了微软开发的MS-DOS操作系统，微软随之崛起。

这标志着电脑真正走进了人们的工作和生活之中，也标志着一个新时代的开始。

▶ **1.2　计算机用途和分类**

计算机从发明至今，融入了人类生产和生活的各个方面，大幅度提高了生产力。计算机的主要用途和主要的分类如下。

▶ **1.2.1　计算机的主要用途**

计算机的主要用途按照不同的应用领域和应用方法，主要分为以下几种。

（1）数值计算

计算机的出现主要就是针对大量数据的科学计算。现在大规模的数值计算主要应用在科学和工程技术方面，比如天气预报、人造卫星发射和轨道计算、地震的预报、灾害等级的评测等，都需要数据模型的建立和大量的数值计算。

通过我的建模和计算，本区域明天白天到夜里，天气以晴为主，温度为……

（2）数据处理

将原始数据进行收集、存储、分类、统计，并按照要求加工并输出成人们需要的格式，就叫数据处理。与数值计算相比，数据处理要处理的数据种类更多，数据量更大，用途更广，常见的应用如各种数据库、企业数据报表、生产管理、计划调度等。

（3）自动控制

使用计算机进行生产活动的自动控制，可以有效地提高产品的精度和质量，可以不间断、无错误地在一些恶劣的环境中进行作业，可以提高生产的安全性并节约大量资源。

加油加油，环境再恶劣也难不住我们，必须保质保量完成工作。我们的身体棒棒的

（4）辅助技术

包括常见的计算机辅助设计、计算机辅助制造、计算机辅助测试、计算机辅助教学等。借助计算机高效的计算能力和仿真模拟能力，可以大大缩短技术的开发周期、提高教学效果、加速产品更新换代、降低生产成本。

感觉你的流程有问题啊，让我来调节下顺序，让工作更有效率

好，那我将我的流程排序以后发送给你，注意不要超过我的负荷哦。

（5）人工智能技术

这是计算机未来的发展方向，通过模仿人类的思维方式，让计算机具有一定的感知、判断、理解、自我学习和推理能力，并可以独立解决问题、独立使用各种资源。

（6）网络服务

计算机也是计算机网络最重要的组成部分之一，包括各种服务器、数据中心主机、工作站等，为用户提供计算、存储、处理各种数据的功能。

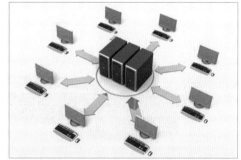

（7）生活娱乐服务

作为智能终端，计算机确实没有手机或者平板电脑等可移动设备使用起来方便，但是计算机也可以完成网上购物、转账、缴费、订票、分享等任务，而且在大型游戏、图形图像方面计算机优势非常明显。

▶ 1.2.2 计算机的分类

计算机按照不同的标准可以分成不同的种类。比如按照计算机的性能和用途将其分成以下几种。

（1）巨型机

巨型机也叫做超级计算机，很多大型科学计算使用的都是巨型机。其特点是体积大、处理能力超强。下图是我国的超级计算机"神威·太湖之光"。

是国内第一台全部采用国产处理器构建超级计算机哦！

（2）服务器

服务器一般安置在具有强大数据出口的网络机房中，通过网络向各种客户端提供网页服务、资源下载等互联网服务。可以长时间稳定运行，强大的网络应答能力和数据处理能力是其主要的特点，并且支持更多的CPU、内存、硬盘等协同工作，具有更高的安全性及可扩展性。服务器分成塔式服务器、机架式服务器、刀片式服务器。

（3）工作站

工作站是一类特殊的高档计算机，主要特点是运算速度快，而且和服务器类似，可以支持更多的硬件和扩展。主要作为企业的媒体处理中心、计算机辅助设计中心的核心设备。

（4）个人计算机

个人计算机就是俗称的电脑。个人计算机的受众较广、价格适中、功能多样，已融入人们的生活和工作中。使用电脑现已经成为人们的基本技能。

▶ 1.2.3　电脑的类型

前面介绍了，电脑属于计算机的一个分支，叫做个人计算机。其实电脑的种类也非常多，常见的包括以下几种。

（1）组装机

用户自己购买电脑的零部件，自己组装成可以工作的电脑，这类电脑就叫做组装机。组装机可以根据需要选择不同性能和档次的部件，挑选余地大、可扩展性强是组装机的优势。但是需要用户具备一定的电脑软硬件知识，会动手组装电脑，会排除简单故障，会安装操作系统等。

还有硬盘、电源、机箱、散热器、外设等。

CPU、内存、主板、显卡，我们的身体还有啥？

（2）品牌机

品牌机是由品牌机厂商向硬件厂商定制各种电脑零部件，由品牌机厂商负责组装、测试、销售，并提供整机质保服务的电脑。

相对于组装机，品牌机的优势就是稳定，用户不用考虑兼容性问题，购买及使用方便，不需要具备专业知识；而且品牌机基本上都附带了正版的操作系统、杀毒软件以及办公软件，出现问题后有专业的售后团队提供支持。在购买时还可以选择不同档次的配置。

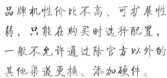

品牌机性价比不高、可扩展性弱，只能在购买时选择配置，一般不允许通过除官方以外的其他渠道更换、添加硬件。

品牌机有什么缺点啊？

（3）笔记本电脑

笔记本电脑因其方便携带，深受移动办公人员和学生欢迎，现在基本上分成两大类，一类是高性能的游戏、设计类笔记本电脑，另一类是轻薄的、续航超强的办公、影音娱乐笔记本电脑。笔记本电脑按照模具定制硬件。笔记本电脑的硬件更换和维护需要更专业的知识。

轻薄本，续航时间长，更安静，更适合外出办公的主人。

游戏本，性能强劲，可以运行好多大型任务和游戏，是游戏玩家的最爱。

（4）一体机

一体机其优势在于外观精美、没有线缆的束缚、干净整洁、节省空间、接驳外设方便，但是性价比低、维修不便、可扩展性差。比较出名的一体机就是iMac了。

▶ 1.3 电脑的硬件组成

电脑的硬件包括两部分：主机内和主机外，一般以机箱作为分割点。主机内的叫内部组件，主机外的叫外部组件。下面将向读者介绍电脑的具体组成部件。

▶ 1.3.1 内部组件

电脑的内部组件组成了电脑的主机，电脑性能的高低，主要取决于内部组件的性能。电脑内部组件主要由以下几种硬件组成。

（1）CPU

CPU（central processing unit，中央处理器）是电脑中负责运算以及控制的最重要的硬件；体积非常小但科技含量高；制作工艺及其复杂，技术要求也最高。目前，多数的电脑CPU主要由Intel和AMD两家公司把控着。

CPU是我们的"大脑"，通过CPU的计算，并发送控制指令，我们才能正常运转。CPU越强，我们的工作效率就越高。CPU的制作工艺相当复杂、精密，将人类对光的运用发挥到了极致。

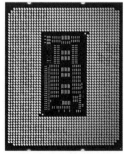

（2）主板

主板从外观上来说，是一块大规模的电路板，上面铺满了各种各样的元器件及各种接口，主要用来接驳电脑的其他组件，并作为整个电脑的数据中转中心。主板上还有很多功能芯片，用来提供如声音、网络、USB连接等各种功能。平常看到的主板，其中装有散热鳍片，以方便散热。

（3）内存

由于CPU处理数据的速度非常快，而CPU直接从硬盘中获取数据的速度较慢，所以需要一种高速的中间中转介质，就是内存。内存中的数据在电脑断电后会消失。发展到现在，内存已经进入了第5代，通常看到的内存，外面覆盖一层散热"马甲"。

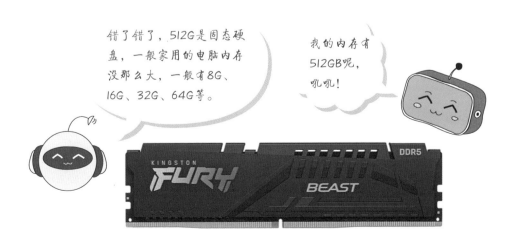

（4）硬盘

硬盘是电脑主要的数据存储设备，断电后数据不会消失。现在常用的硬盘按照存储介质和存储原理的不同，分为大容量的机械硬盘以及高速的固态硬盘，一般通过SATA接口或M.2接口与主板接驳。

（5）显卡

显卡是电脑中向外提供显示功能的硬件，负责视频数据的处理和输出。显卡现在主要以独立的PCI-E显卡以及CPU集成的核显两种形式存在。比较主要的显卡核心芯片厂商是NVIDIA和AMD两家。

（6）电源

电源也叫机箱电源。电脑里的各种组件不能直接使用220V的交流电，需要机箱电源将其转化为电脑内部设备可以使用的低电压直流电，然后通过各种电源接口输出，为CPU、主板、显卡、硬盘等内部设备供电。电源的好坏直接影响到内部设备运行的稳定性。常见的全模组电源及其接口如下图所示。

（7）CPU散热器

CPU散热器虽然不能影响电脑的性能，但如果没有CPU散热器，那么CPU会因温度过高而被烧坏。CPU散热器散热方式分为风冷和水冷，两者只存在散热方式的不同，没有谁比谁的散热效果更好之说。

 主板在开机时，如果检测不到CPU散热器，将报错，且不会继续启动。

（8）机箱

机箱是安放所有内部设备的容器，使用镀锌板，用来屏蔽辐射，并制造风道用来增强散热效果。正面可使用玻璃或亚克力板做成透明结构，可配合水冷散热、背板走线及内部的RGB灯带等，营造出酷炫的效果。

（9）其他内部设备

前面介绍的是组装电脑主机所必需的组件，如果用户需要一些特殊组件，如万兆网卡、PCI-E无线网卡、声卡等，需要购买并接入到主板对应的接口中。

▶ 1.3.2 外部组件

电脑的内部组件决定了电脑的性能和档次，但日常使用中，与用户直接打交道的是电脑的外部组件。只有主机而没有外部组件，电脑是无法使用的。常见的电脑外部组件及功能如下。

（1）显示器

显示器是与显卡连接，将视频信号转换成画面，向用户显示的设备。主流的是液晶显示器。现在又出现了便携式显示器。

（2）鼠标与键盘

鼠标与键盘是电脑主要的输入设备，鼠标主要负责点击按钮和选择内容，键盘主要负责输入命令及各种文本，两者都可以控制电脑工作。

（3）音箱与耳机

音箱与耳机的作用是将电脑中的音频数字信号转换成音频模拟信号，然后输出给用户。以前最常使用音箱进行声音的播放，大部分是2.1声道的音箱。随着耳机的发展，模拟5.1、7.1声道，而且自带震动效果的耳机逐渐成为电脑的周边设备。

（4）打印机

打印机也是电脑重要的输出设备，主要负责将电脑中的文档、照片等打印到纸质介质上供用户使用。打印机按照打印方式，主要分成针式打印机、喷墨打印机和激光一体式打印机。

1.4 电脑的软件组成

硬件是电脑的身体，硬件的档次决定了电脑的档次。但只有硬件电脑是无法工作的，还需要软件来控制电脑的运行。常见的电脑软件包括操作系统和应用软件两大类。

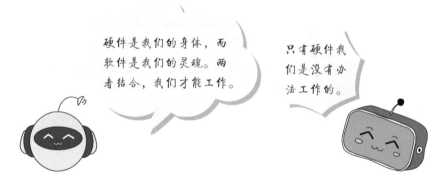

1.4.1 操作系统

操作系统介于用户和硬件之间，向上为用户提供操作的界面和输入输出功能，并为各种应用软件提供控制和I/O接口，向下控制着底层硬件的运行并协调各种数据的写入和读出。目前常见的操作系统包括Windows系列和Linux系列。

（1）Windows系列操作系统

Windows系列操作系统是Microsoft（微软）公司推出的，发展到现在，目前常用的桌面操作系统包括Windows XP、Windows 7、Windows 10、Windows 11。

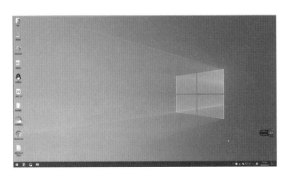
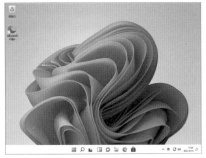

Windows除了桌面操作系统外，还有服务器操作系统，专门用于服务器的运行和服务的搭建。目前比较新的Windows服务器操作系统是Windows Server 2022。

（2）Linux系列操作系统

Linux，全称GNU/Linux，是一种免费使用和自由传播的类UNIX操作系统。日常所说的Linux一般指Linux内核，是开放源代码的。只有内核，普通用户是无法使用的。在此基础上，很多个人和组织对内核进行了扩展，开发或加入了用户态的程序并发布，这就是Linux发行版的由来。耳熟能详的Linux发行版系统如Ubuntu，以及国内做得比较好的deepin系统。

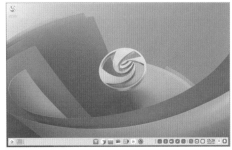

除了桌面操作系统外，Linux也有针对服务器的发行版，如RHEL等，而且Linux服务器操作系统相对于Windows Server系列服务器操作系统，应用更加广泛。

服务器操作系统针对服务器的应用进行了优化并带有服务管理的功能。

相对于Windows服务器操作系统，Linux服务器操作系统应用更广。

▶ 1.4.2　应用软件

除了操作系统外，用户日常接触和使用的各种软件都属于应用软件，比如微软的Office系列办公软件以及微信、QQ等。

BIOS（basic input output system）全称是基本输入输出系统，属于非常特殊的操作系统，是存储在主板上的一个固化的ROM芯片里，用于与底层的硬件沟通，为计算机提供最直接的硬件设置和控制，属于操作系统与硬件的接口。

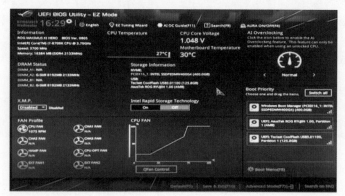

▶ 1.5 电脑的选购流程

前面介绍了电脑主要分为品牌机和组装机两类，以及这两类电脑的特点。接下来介绍电脑选购的流程和选购的要点。

▶ 1.5.1 制订选购方案

选购方案的制订包括了品牌机和组装机，主要需要考虑以下几点。

（1）确定用途

不同的用途决定了电脑的不同档次。

- 中老年普通用户、办公室文员，主要以上网、查询资料以及处理办公文档为主，在选购时，以中低配置电脑为宜，不需要独立显卡，CPU带有核显即可。
- 商务办公人士对性能的需求不大，但需要随时更换使用环境，并且需要长时间、稳定运行，所以建议选择轻薄的、续航能力强的笔记本电脑。
- 设计人员需要经常对各种图形图像、视频文件进行渲染，所以对CPU的要求较高，这部分人群建议选择专业的工作站或中高配置电脑。对显卡有特殊要求的用户，也可以选择配备专业图形渲染显卡的电脑。常见的专业图形显卡如丽台P2200。

- 游戏玩家可以选择中高配置，有强劲的CPU、大容量内存和固态硬盘并带有专业级桌面显卡的组装机。
- 专业DIY用户可以选择发烧级配置，有可超频的CPU和超频体质较好的内存、良好的散热和额定功率较高的金牌电源。

（2）资金预算

在预算比较充足的情况下，可以选择档次较高的电脑。资金不太充足的情况下，建议选择性价比较高的电脑，或者在配置组装机的情况下，将资金向主要的性能组件进行适当倾斜。

（3）电脑硬件水平

如果是有一定组装经验的用户，可以选择更具性价比的组装机。如果是没有经验的用户，可选择品牌电脑，有一定售后保障，在挑选和维修时，省去了很多麻烦。

▶ 1.5.2　组装机的选购流程

有一定电脑硬件知识的用户，可以先上网查询各硬件的参数，根据预算情况来综合考虑。

（1）参数查询

在常见的参数查询网站查询所需的硬件搭配及参数。如果需要对硬件档次进行比较，可以使用对应的天梯排序网站。如查看CPU的排行。

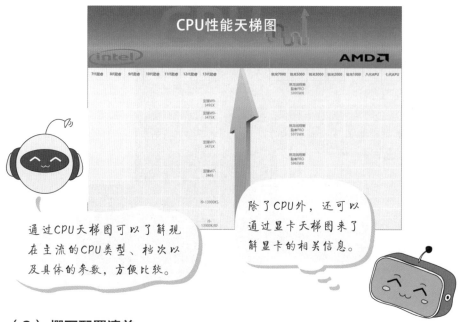

通过CPU天梯图可以了解现在主流的CPU类型、档次以及具体的参数，方便比较。

除了CPU外，还可以通过显卡天梯图来了解显卡的相关信息。

（2）撰写配置清单

可以使用网站的在线攒机系统，将所选硬件填入装机配置单中，可以参考标价并可方便地从其中查看硬件的参数以及更换硬件。在线攒机还可以根据所选硬件推荐其他相应的硬件，在一定程度上防止基础性的搭配错误。

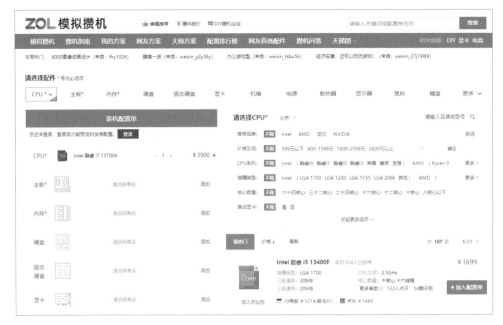

知识拓展  交流配置

在配置的过程中，可以将配置清单发到论坛或交流群中，让大家对该方案进行优化。在交流的过程中可以丰富自己的硬件知识。

（3）比价和购买

结束了以上过程，基本上硬件品牌和型号就固定了。接下来可以到实体店，也可以到各大电商平台进行硬件的比价和购买了。在整个过程中，一定要注意以下几点。

- 性价比并不绝对，其是建立在用户综合水平的基础上的，所以在购买时，一定不能贪图便宜而选择一些过于便宜的硬件，可以在几大电商平台之间进行比较。
- 对于硬件来说，正规商家一般都会标明产品的品牌及型号，并可在网上查询到该产品。对于未标名硬件具体品牌和型号的硬件，或者使用的硬件的品牌闻所未闻，一般要多加小心。

Intel有i7系列处理器，但绝对没有i7级，有些不良商家会使用服务器处理器来偷换概念进行冒充。

我的CPU是i7级，非常高端了。

- 在挑选前一定要先了解硬件参数，进行防骗防套路的学习。
- 对于溢价过高的产品，不建议普通用户购买。无刚性需求的用户，可以继续观望。
- 购买前一定要向卖家咨询产品的保修规则。
- 对于实体店，一般会比电商的价格略高，毕竟成本要高出不少。但在实体店购买时，可能会遇到没有对应型号的情况。用户可以上网查询实体店推荐的产品的参数和价格。
- 除非有一定的专业硬件知识，否则不建议普通用户选择二手电子产品。无法直接验货，售后无统一标准，无有效监管等，都是二手产品市场的通病。

（4）验收

由于是电子产品，在收货时，一定要查看快递外包装是否破损，有条件的话，建议录制拆箱视频。拆箱后，要查看产品标签，检查是否与自己购买的硬件型号相符，产品外观是否有损坏，是否有被使用的痕迹。安装完毕后，用电脑检测软件对硬件进行测试，无误后再确认收货。中途发现问题，及时与卖家联系，进行退货或更换。如在实体店装机，装机前需要查看所有硬件的标签信息。

▶ 1.5.3　品牌机的选购流程

品牌机包括台式机、笔记本和一体机等。在选购时，可以参考以下几点。

（1）确定品牌

品牌电脑首先要选择的就是品牌，尽量选择国内外知名的厂商。

小厂的技术实力往往不如大厂，但在配置、价格上有一定的优势。不过用户一定要将维修、退换货途径等售后因素考虑进来，最终确定购买的产品。

（2）看配置与价格

在配置一定的情况下在各个厂商间比较价格，或者在价格相同的情况下选择更好的配置。现在除了从销售商或品牌店处买产品外，在各大厂商的官网同样可以进行产品的购买。有时网上渠道的价格或者促销比销售商或品牌店更有吸引力。

（3）比较售后

因为品牌电脑最大的优势在于售后，所以除了比较产品的保修期、收费标准、上门服务标准外，用户还需要了解本地售后的情况，如位置、服务态度、技术力量等。

▶ 1.5.4　购买台式机还是笔记本

（1）性能需求

同价位的情况下，台式机性能更强大，但要根据用途来判断。如果用户是进行广告设计、三维动画或运行大型3D游戏等，对电脑性能要求较高，建议选择台式机。其他的普通应用，台式机和笔记本性能体验差不多。

（2）价格因素

在性能和价格差不多的情况下，建议选择笔记本，其携带及使用确实很方便。

（3）移动性要求

笔记本体积小巧、携带方便、外观时尚，且功耗低，配置也基本上满足了大多数主流的应用需求，对于移动性要求较高的用户比较值得推荐。

知识拓展　　　　　　　　**笔记本外接显示器**

虽然笔记本的屏幕越来越大，但相较于台式机液晶显示器仍然较小。如果笔记本长时间工作于同一位置，建议为笔记本配备外接显示器，这样使用起来更加舒服。

╲╲ 专题拓展 ╱╱

UEFI 与 GPT

UEFI（unified extensible firmware interface，统一可扩展固件接口）用来定义操作系统与系统固件之间的软件界面，用来替代传统的BIOS。统一可扩展固件接口负责加电自检（POST）、联系操作系统以及提供连接操作系统与硬件的接口。

传统的BIOS负责开机时检测硬件，并引导操作系统启动。与传统的BIOS相比，UEFI不仅可以以图形化的界面显示系统硬件参数，操作界面更加友好，还可以实现更多的功能，纠错特性强、配置更灵活、兼容性高、可扩展性强。UEFI BIOS具有图形界面，可以用鼠标操作。UEFI可以快速地引导系统或者从休眠状态恢复，可以和传统BIOS集成使用。另外，UEFI必须配合GPT分区才可以引导Windows 10操作系统。现在UEFI已经逐步替代了传统BIOS。近几年的主板的BIOS基本上属于UEFI BIOS。

GPT是一种新的硬盘分区表格式，相对的是传统的MBR分区表格式。众所周知，MBR分区表因为表的容量有限，所以最多支持4个主分区或者3个主分区加一个扩展分区，最大支持2.2TB硬盘。而GTP分区表支持128个主分区，最大支持18EB的硬盘（1EB=1024PB，1PB=1024TB），完全够普通用户使用。另外，GPT分区表具有备份功能，在分区表损坏后，可以快速恢复，这也是MBR分区表不能比拟的。支持GPT启动的系统如下。

操作系统（服务器）	数据盘支持情况	系统盘支持情况
XP 32	×	×
XP 64	√	×
Vista 32	√	×
Vista 64	√	UEFI BIOS
WIN7 32	√	×
WIN7 64	√	UEFI BIOS
WIN8 32	√	×
WIN8 64	√	UEFI BIOS
WIN10 32	√	×
WIN10 64	√	UEFI BIOS
Linux	√	UEFI BIOS

第 **2** 章

电脑的内部组件

本章重点难点

- 认识CPU
- 认识内存
- 认识硬盘
- 认识机箱
- 认识主板
- 认识显卡
- 认识电源

上一章对电脑的分类和用途以及电脑选购进行了讲解。从本章开始，将向读者介绍电脑的具体组成结构和部件。首先介绍CPU、主板、内存、显卡、硬盘、电源以及机箱的各种参数和搭配技巧。

首先，在学习本章内容前，
先来几个问题热热身。

电脑内部组件直接影响电脑的性能，了解内部组件包括了解硬件的参数和硬件的接口。

初级： 桌面级CPU的生产厂家有哪两家？

中级： 请说出机箱后部一些常见接口。

高级： 请说出固态硬盘为什么要快于机械硬盘。

初级： 桌面级CPU的主要生产厂家包括Intel和AMD。

中级： 机箱后部主要提供外设的连接口，主要的接口包括PS/2接口（PS/2接口的键盘、鼠标）、USB接口、视频接口（HDMI、DVI、VGA）、网络接口、音频接口。有些高级主板还提供Type-C接口、无线天线接口等。

高级： 固态硬盘快于机械硬盘是因为其不同的存储介质所决定的。机械硬盘将数据存储在磁盘上，需要通过机械磁头读取，寻道和读取都需要时间。而固态硬盘是一个个的存储颗粒，可以快速读取，而且多个颗粒可以将数据分开存储，分别同时读取，所以速度非常快。关于更详细的介绍，可以参考本章中"认识硬盘"中的内容。

好了，接下来从CPU开始，详细介绍电脑的内部组件及其详细参数。

▶ 2.1 认识 CPU

CPU是电脑的大脑，是电脑的核心部件，负责整个机器的运算和控制工作。CPU、主板及内存的配置，决定了电脑的档次。

▶ 2.1.1 CPU简介

CPU（central processing unit）也叫中央处理器，属于整个电脑的运算核心和控制核心，CPU的运算速度，直接关系到整个电脑运行速度的快慢。

由于CPU是非常精密的器件，所以一定要轻拿轻放。

CPU底部的触点和主板的触点数量要一致才能安装。

在正面的封装壳上标明了CPU的信息，周围有4个防呆缺口，左下角是安装到主板时的方向指示三角箭头。背面是与主板针脚连接的部分，上面密密麻麻遍布了连接触点。正确安装后，可以与主板上的针脚一一对应，这样CPU才能正常工作。

知识拓展

CPU 的制作过程

将硅材料制作成硅锭，再切割成晶圆，通过光刻、蚀刻，在晶圆上做成多层结构，再进行测试，测试通过后切割再进行封装，经测试后完成出厂包装。而其中的光刻，可以说将人类对光的应用发挥到了极致，过程相当复杂。

▶ 2.1.2 Intel主要代表产品

CPU的生产厂商主要有Intel和AMD两家，他们掌握了CPU生产的关键技术。英特尔（Intel）是美国一家以研制CPU为主的公司，是全球最大的个人计算机CPU制造商。它成立于1968年，具有50多年的产品创新和市场领导的历史。1971年，英特尔推出了全球第一个微处理器。微处理器所带来的计算机和互联网革命，改变了整个世界。

（1）Intel主要产品

Intel的产品线非常广，包括了服务器使用的至强（XEON）系列，物联网设备使用的Quark系列，手持设备等低功耗平台使用的凌动（ATOM）系列，入门级使用的赛扬（Celeron）处理器，中低需求的奔腾（Pentium）处理器，以及主流的酷睿（Core）处理器。

（2）酷睿系列CPU

酷睿属于桌面级系列CPU产品，是英特尔公司推出的面向中高端消费者、工作站和发烧友的系列CPU。酷睿系列CPU目前主要包括i3、i5、i7、i9系列产品，且定时更换为下一代产品。目前主流产品为13代酷睿处理器，于2022年10月底上市发售。如i9-13900K、i7-13700K，其中i9及i7对应的就是i9、i7系列；13×××K中的13就代表13代酷睿。

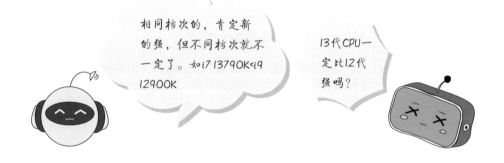

▶ 2.1.3 AMD主要代表产品

AMD（美国超威半导体）公司专门为计算机、通信和消费电子行业设计和制造各种创新的微处理器（CPU、GPU、主板芯片组等），以及提供闪存和低功率处理器解决方案。公司成立于1969年。

知识拓展

ATI 与 AMD

2006年7月24日，AMD宣布收购ATI，从此ATI成为了AMD的显卡部门。所以，AMD除了在CPU领域与Intel角逐外，在显卡领域也在和NVIDIA进行着竞争。

（1）AMD主要产品

这里主要说的是CPU。AMD公司主要产品包括服务器使用的EPYC（霄龙）、皓龙系列处理器，笔记本使用的特殊型号处理器，以及台式机使用的FX系列、速龙系列、A系列、锐龙系列、锐龙高端的线程撕裂者系列处理器。商用PRO系列处理器以整机销售，不进入零售市场。其他还有闪龙系列等。

（2）锐龙系列处理器

锐龙（Ryzen）系列是AMD的主打系列，和Intel的酷睿系列一直在桌面级平台进行着角逐。和Intel的酷睿的命名类似，AMD的锐龙系列也分为3、5、7、9以及高端的线程撕裂者系列，以便针对不同的客户群和不同的需求者。锐龙9 7950X3D和Intel的命名规则有相似之处，锐龙9代表锐龙9系列产品，但7950X最前面的7不是代表第7代产品，7000系列属于第6代产品。由于各种策略问题，AMD正在有意无意地模糊代数的概念。

知识拓展

AM5 接口

AMD从7000系列CPU开始，也采用了"LGA"封装技术，和Intel CPU一样，针脚从CPU转移到了主板上，CPU外形也有所改进。

新型封装，电气性能等都会更加优秀，转移针脚对CPU厂商来说，也转嫁了针脚损坏的风险。

为什么CPU针脚都移到了主板上？

▶ 2.1.4　CPU的主要参数

在选择CPU时，除了价格外，还要了解CPU的参数。那么CPU的主要参数有哪些呢？

（1）主频

主频也叫时钟频率，单位是兆赫（MHz）或吉赫（GHz），用来表示CPU的运算、处理数据的速度。通常其他参数一定时，主频越高，CPU处理数据的速度就越快。

CPU的主频=外频×倍频。主频和实际的运算速度存在一定的关系，但并不是简单的线性关系。所以，CPU的主频与CPU实际的运算能力是没有直接关系的，还要看CPU的流水线、总线等各方面的性能指标。

（2）外频

外频（也称为总线速度）是CPU的基准频率，单位是MHz。其实外频的任务就是让电脑里的各个部件保持同步。外频是由芯片组提供的，外频往往比CPU的主频和内存频率低很多，一般常见的默认外频值只有100MHz，但是对于主板上的其他设备来说，已经足够快了。CPU通过倍频来达到足够的计算能力。

（3）倍频

倍频是指CPU主频与外频之间的相对比例关系。在相同的外频下，倍频越高，CPU的频率也越高。但实际上，在相同外频的前提下，高倍频的CPU本身意义并不大。因为CPU与系统之间数据传输速率是有限的，一味追求高主频而使用高倍频的CPU就会出现明显的"瓶颈"效应：CPU从系统中得到数据的极限传输速率不能够满足CPU运算的速度。

（4）睿频

睿频是指当运行一个程序时，处理器会自动加速到合适的频率，如一个额定频率为3.7GHz、睿频可达4.8GHz的处理器，在处理TXT文档的时候，只会用到2GHz而已，但是当运行大型游戏的时候，它可以自动加速到4.8GHz。换句话说，睿频其实就是CPU支持的临时的超频，注意是临时的。CPU会随着应用负荷降低而将频率降回去。

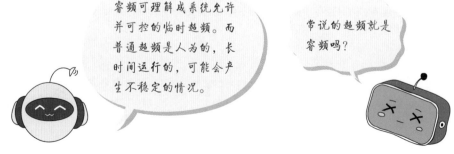

睿频可理解成系统允许并可控的临时超频。而普通超频是人为的，长时间运行的，可能会产生不稳定的情况。

常说的超频就是睿频吗？

（5）超线程

超线程技术就是利用特殊的硬件指令，把一个核心的两个逻辑内核模拟成两个物理芯片来使用，让单个处理器能使用线程级并行计算，进而兼容多线程操作系统和软件，减少了CPU的闲置时间，提高了CPU的使用效率，如通常所说的4核8线程。超线程受限于处理时所占用的系统资源。超线程除了要CPU支持外，还要对应的软件支持，如果资源冲突，那么超线程就无法实现，该内核只能处理一个线程的任务。所以，超线程的性能不是简单的两个CPU的叠加性能。

（6）大小核心

CPU的构造从单核开始，很快发展到多线程，并继续发展到多核。从双核设计开始，然后推出4核、8核等。英特尔的第12代CPU和第13代CPU采用了更新的技术：一个CPU中封装有两种不同的内核——其同时集成性能核（P核）、能效核（E核）两种不同的CPU核心。P核心（俗称大核）是芯片中最强的核心，消耗能量最多、以最高时钟速率运行并全面完成指令和任务。E核（俗称小核）比P核更小、相对能力较弱，但功耗也更低。以酷睿i9-13900K为例，它有8个P核、16个E核，其中P核可以超线程，而E核只能单线程工作，所以叫作24核32线程，一般标记成8+16/32的方式。

13代酷睿系列									
处理器型号	核心代号	制造工艺/nm	大小核/线程	大核频率/GHz	小核频率/GHz	二/三级缓存/MB	核显	基准功耗/加速功耗/W	插槽
酷睿i9-13900KS	Raptor Lake	Intel 7	8+16/32	3.2~6.0	2.2~4.3	32/36	UHD 770	150/253	LGA1700
酷睿i9-13900K	Raptor Lake	Intel 7	8+16/32	3.0~5.8	2.2~4.3	32/36	UHD 770	125/253	LGA1700
酷睿i9-13900KF	Raptor Lake	Intel 7	8+16/32	3.0~5.8	2.2~4.3	32/36	NA	125/253	LGA1700
酷睿i9-13900	Raptor Lake	Intel 7	8+16/32	2.0~5.6	1.5~4.2	32/36	UHD 770	65/219	LGA1700
酷睿i9-13900F	Raptor Lake	Intel 7	8+16/32	2.0~5.6	1.5~4.2	32/36	NA	65/219	LGA1700
酷睿i9-13900T	Raptor Lake	Intel 7	8+16/32	1.1~5.3	0.8~3.9	32/36	UHD 770	35/106	LGA1700
酷睿i7-13790F	Raptor Lake	Intel 7	8+8/24	2.1~5.4	1.5~4.1	24/33	NA	65/219	LGA1700
酷睿i7-13700K	Raptor Lake	Intel 7	8+8/24	3.4~5.4	2.5~4.2	24/30	UHD 770	125/253	LGA1700
酷睿i7-13700KF	Raptor Lake	Intel 7	8+8/24	3.4~5.4	2.5~4.2	24/30	NA	125/253	LGA1700
酷睿i7-13700	Raptor Lake	Intel 7	8+8/24	2.1~5.2	1.5~4.1	24/30	UHD 770	65/219	LGA1700
酷睿i7-13700F	Raptor Lake	Intel 7	8+8/24	2.1~5.2	1.5~4.1	24/30	NA	65/219	LGA1700
酷睿i7-13700T	Raptor Lake	Intel 7	8+8/24	1.4~4.9	1.0~3.6	24/30	UHD 770	35/106	LGA1700

（7）缓存

其实CPU从内存中读取数据并不是直接读取，中间还存在一个高速缓存，是进行高速数据交换的区域，缓存的结构和大小对CPU处理数据速度的影响非常大。缓存的容量较小，但是运行频率极高，速率极快。缓存本身还分成三级，以L1、L2、L3进行区分，通常会根据三级缓存的大小来代表缓存的性能。

缓存的速率是非常快的，增大反而不利于CPU快速处理数据，成本也非常高

缓存怎么那么小？

（8）CPU的接口

CPU的接口就是CPU的触点或者针脚，CPU同主板通信就是通过这些接触点或者针脚进行数据传输的。CPU经过多年的发展，采用的接口方式有引脚式、卡式、触点式、针脚式等。CPU接口，不同代数，在触点/针脚数、体积、形状上都有变化，不同类型的接口不能互相接插，但基本上每一代的CPU触点/针脚数是相同的，如13代CPU的触点数是1700，所以在选择主板时，需要选择i7系列的主板才能使用。如果不确定，可以在硬件参数页查看CPU的触点/针脚数。

（9）核显

现在很多CPU将显示功能整合到了CPU内部，普通用户可以使用核显完成日常的工作，无需配置价格昂贵的独立显卡。或者可以使用核显临时过渡，等待显卡价格回落到可接受的水平再购买。

如果只进行日常办公、网页浏览、音视频播放等操作，CPU核显完全可以满足需求。如果需要玩大型游戏或进行高负载图形处理，建议选择独立显卡。

核显和独显如何选择呢？

Intel CPU 名称尾缀的含义

Intel CPU的名称常见的尾缀及含义如下：K代表配备核显且可超频；F表示没有核显且不能超频；T代表低功耗，相应的，性能也会略差。通常还可以将尾缀连用，如KF，代表无核显且可超频。

▶ 2.1.5 CPU的选购技巧

在选购CPU时，可以参考CPU天梯图来决定CPU的选购范围，通过比价来确定所需CPU的型号，然后购买即可。但对于不同群体而言，CPU的选购还是有一定技巧的：

- **日常办公用户：**办公用户经常使用Office系列办公软件，音、视频性能可以作为次要的考虑范畴。建议该类用户使用入门级的CPU，或者选择带有核显的CPU，以尽量降低装机的成本。
- **多媒体用户：**该类用户需要综合考虑CPU、内存及显卡的配置。建议使用i3或i5系列的多核CPU或者AMD公司的多核系列CPU。
- **图形设计用户：**使用3ds Max等软件的图形设计用户，需要考虑CPU的线程数及核心数，CPU的线程和运算速度直接关系到渲染速度的快慢。建议选择Intel和AMD的中高端多核心产品。
- **游戏玩家：**游戏玩家对显卡的要求很高，CPU需要选择浮点性能较高的产品，建议选择高端产品。
- **发烧级玩家：**发烧级玩家对于CPU的超频较感兴趣，在此种情况下，建议选择不锁倍频、稳定且强大的CPU产品。建议选择最新型8核及以上的产品来进行测试及超频。建议选择强劲的CPU降温设备。

可以，但不推荐，因为桌面级和服务器CPU侧重点不同，服务器CPU更侧重数据处理，频率也没有桌面级CPU频率高。

服务器CPU能玩游戏吗？

CPU 验证及质保查询

从技术角度来说，CPU不存在造假一说。所谓的CPU造假，主要的是指以次充好以及散装件按盒装卖给顾客。常见的辨别方法除了查看包装外，可以到Intel的官网输入产品的批号以及完整的ULT码进行查询。现在也可以关注Intel的微信公众号"英特尔客户支持"，在微信中进行查询。

▶ 2.1.6　CPU散热器的选购技巧

CPU工作时会散发出大量热量，所以散热器是CPU的重要"搭档"。没有散热器的辅助，CPU轻则罢工，重则烧毁，如果要让CPU正常工作，就必须配备一款好的散热设备。超频就更不必说了，必须要配备更专业的散热器。

风冷和水冷并没有哪个更好的说法，普通用户如果购买的是盒装的CPU，在不进行超频的情况下，可以使用自带的散热器。如果购买的是发热量大的CPU，建议单独购买CPU散热器。风冷散热还分为普通散热、下压式热管、侧吹式热管；而水冷还分为120、240和360水冷，分别对应着1～3个风扇。

当然，水冷也会老化，发生漏液的情况，所以需要定期更换。另外购买时建议选择大厂的，并支持漏液包赔的产品来使用，比较稳妥。

CPU水冷的使用有没有需要注意的地方？

▶ 2.2 认识主板

　　主板从外观上来看，就是一块矩形电路板，上面安装了各种电路系统和各种功能芯片。有的主板还配备了大面积散热鳍片。

▶ 2.2.1　主板的作用

　　主板可以称为电脑的中枢，不仅为电脑的内外部组件提供了大量接口，而且负责在组件之间高速传输数据，并为这些硬件直接或间接地提供电能支持。主板的性能影响着整个电脑系统的性能和稳定性。主板的核心芯片也在不断更新，每一代CPU都有与之配套的主板。如Intel的Z790、Z690、Z590主板，这里的名称就是对应的芯片组的名称。

知识拓展　　　　芯片组的前缀含义

　　在查看主板时，常遇到某系列主板有Z、B、H的前缀，如Z790、B760、H610等。其中，Z代表高端芯片组，用料最好，扩展性最强，而且可以支持CPU超频，如i9-13900K，支持内存超频，支持多显卡。B代表商用芯片组，用料较好，不支持CPU超频，但支持内存超频，扩展性较强，用户选择不支持超频的CPU时，可以选择该种主板。H代表中、低端芯片组，用料一般，扩展性较差，不支持CPU和内存超频等，预算不多，无扩展需求的用户可以选购。

▶ 2.2.2　主板的布线和通道

电脑中的设备都会直接或间接地和CPU进行通信，但不能把所有设备都直接连到CPU上，因为这会给主板布线的设计带来困难，并且提高成本，也没有必要。

和CPU直连的接口有内存接口、PCI-E接口（主要是指显卡）、HDMI/DP视频输出接口（连接CPU核显），部分M.2接口也会和CPU直连。其他接口（网卡接口、音频接口、SATA接口、USB接口等）不和CPU直连，这些接口会连接到南桥芯片组，然后南桥芯片组通过PCI-E总线（DMI总线）这个共享通道连接到CPU，所以在芯片组里面，最重要的就是南桥芯片组了。

以前是有的，后来北桥的功能被集成在CPU中，北桥芯片就消失了。现在南桥芯片也可以直接称为主板芯片。

既然有南桥芯片，为什么没有北桥芯片？

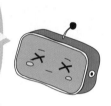

▶ 2.2.3　主板的版型

现在的主板根据不同的型号和价格，分成不同的版型，用来适应不同的用户群体和配置。大的主板扩展性一般强于小主板，但价格却不呈线性关系，在挑选时需要注意。常见的主板主要分成三种不同的版型，包括ATX、M-ATX（Micro ATX）和ITX（Mini ITX）。

ATX（标准型）主板就是全尺寸主板，30.5cm×24.4cm，插槽较多，支持较多的扩展。M-ATX（紧凑型）主板尺寸为24.4cm×24.4cm，常称为小板，如下左图所示，有2~4个内存插槽，1~2个PCI-E插槽，是ATX的简化版，普通用户或没有扩展需求的用户可以选择该版型。ITX（迷你型）主板更小，如下右图所示，一般是17cm×17cm，用于特殊小机箱，占用空间极小，适用于迷你主机或一些特殊的环境。

知识拓展  **E-ATX 主板**

E-ATX也叫做加强型ATX主板，尺寸为30.5cm×（25.7～33cm）。E-ATX常用于服务器和工作站，这类主板可以有多个CPU插槽或更多的内存插槽用来实现多通道。

▶ 2.2.4 主板的功能芯片

主板最重要的构成组件是芯片组（chipset）。主板厂商会找CPU厂商购买芯片组（包括南桥芯片组、CMOS芯片组等），CPU主要生产厂商有Intel和AMD这两家，两家的芯片组不同，所以AMD的CPU不能插到Intel芯片组的主板上，反之亦然。主板的型号名称也是根据芯片组的名称来命名的，以方便区分。

芯片组为主板提供了一个通用平台供不同设备连接，以及控制不同设备的沟通。芯片组也包含对不同扩充接口的支持，例如PCI Express、SATA、USB等。芯片组为主板提供了必要的和额外的功能。一些高端主板还集成了红外通信、蓝牙和Wi-Fi等功能。常见的功能芯片，如提供网络通信的网卡芯片如下左图所示，提供SATA数据通信控制功能的SATA功能芯片如下右图所示。其他常见的芯片还有USB主动芯片、BIOS芯片、供电控制芯片、温度监控芯片等。

芯片组被BIOS识别和控制，通过驱动和协议被操作系统支持后，就可以工作了。

芯片组如何工作？

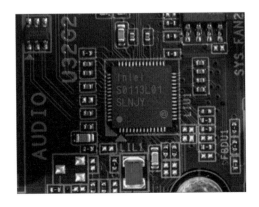

▶ 2.2.5 主板的主要接口

主板提供了大量的接口用来接驳内外部设备。在组装电脑时，首先需要了解主板上的各种接口，然后才能进行电脑的组装。下面介绍主板的主要接口和功能。

（1）CPU插槽

CPU插槽用来接驳CPU，Intel主板的CPU插槽有金属插针，如下左图所示；AMD此前的插针都在CPU上，改为LGA封装后，也已经将金属插针移到了主板上，如下右图所示。安装CPU时，要按照插槽上的方向箭头指示安放CPU。

一般主板正对自己的话，CPU插槽左下方都有防呆指示，和CPU的防呆指示箭头一致就可以安装了。

CPU在安装时，方向怎么确定？

（2）内存插槽

内存插槽一般在CPU右侧，用来接驳内存条，有防呆设计，两侧有固定卡扣，安装时根据防呆设计注意方向即可。由于内存有双通道的支持，安装2根内存时，要根据主板说明书，放入到可以组建双通道的插槽中。

（3）显卡插槽

显卡插槽也可以叫作PCI-E插槽，该插槽还可以插入其他设备，如万兆网卡或Nvme固态硬盘转接卡等，但因为一般只接驳显卡，所以叫作显卡插槽。该插槽位于CPU下方，数量根据不同的主板而不同。接驳时，将显卡对齐该接口插入即可。

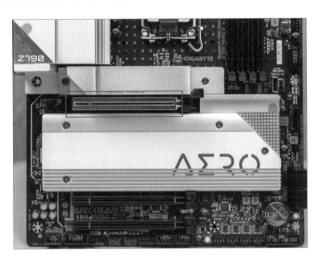

PCI-E是一个协议，规定了硬件接口的规格和数据传输的各种规范，发展到现在，已经到5.0标准了，并已经开始在主板上进行普及。但还有很多主板的PCI-E标准仍然是4.0。每一代PCI-E速率都是上一代的2倍，如4.0的标准是16GT/s，而5.0的标准是32GT/s。简单来说，PCI-E 4.0的速率在2GB/s，而5.0的标准可以到4GB/s（单向带宽）。

知识拓展

GT/s即giga transmission per second（千兆传输/秒），每一秒内传输的次数，其重点在于描述物理层通信协议的速率，也就是一秒钟完成了多少次数据传输。GT/s与Gbit/s（每秒十亿位）没有对应的换算关系。

在PCI-E接口中，常看到×16、×8、×4的字样，这里指的就是倍数，如×16就代表是PCI-E×1的16倍，以此类推。显卡一般安装在离CPU最近的×16的插槽中。至于主板有几个×16接口，需要根据主板的参数来判断。PCI-E 5.0标准的×16可以达到64GB/s。

PCI-E向下兼容，接入后，会使用3.0的标准进行数据传输。

PCI-E 3.0的设备接入到5.0接口怎么办？

（4）M.2接口插槽

M.2接口是Intel推出的一种替代mSATA的新接口规范。该插槽用来连接带M.2接口的硬件设备，主要就是M.2接口的固态硬盘。根据版型的不同，现在主流的主板一般提供1~3个接口，还可以使用PCI-E扩展卡来添加更多的固态硬盘。有些M.2接口隐藏在散热鳍片下方，需要拆开散热鳍片查看。

知识拓展

M.2 接口速率

一般来说机械硬盘的读取速率在100MB/s左右，而SATA接口的固态硬盘读取速率可达500MB/s，对于M.2接口的固态硬盘，如果使用PCI-E 3.0总线接口，并使用NVMe协议，读取速率可达3500MB/s，使用PCI-E 4.0总线接口，读取速率可达7000MB/s,使用PCI-E 5.0总线接口，读取速率可达12000MB/s。

（5）SATA接口

现在常见的SATA接口也叫做SATA3接口，是SATA的第3代协议接口，理论速率为6Gbit/s，所以也叫做SATA 6G接口。速率换算后，可以达到大约600MB/s。

注意这是该SATA接口提供的带宽，但是机械硬盘本身的速率没那么快。换成SATA固态硬盘就能跑满了。

不是600MB/s吗？为啥我的机械硬盘只有100MB/s左右啊？

常见的主板一般都提供大量的SATA接口，SATA接口与对应的数据线接口连接时需要注意防呆的位置。

（6）USB接口

USB接口发展到现在，形成了多标准共存的局面，比如最早的USB2.0接口，现在主流的USB3.2Gen1接口、USB3.2Gen2接口。

知识拓展

USB3.2 的命名

很多读者在网上购买USB设备时常常被USB的命名搞花了眼。USB3.2Gen1=USB3.1Gen1=USB3.0，最高传输速率为5Gbit/s。USB3.2Gen2=USB3.1Gen2=USB3.1，最高传输速率为10Gbit/s。USB3.2 20Gb/s=USB3.2Gen2×2，最高速率为20Gbit/s。

一样的，机箱上的USB接口是通过延长线扩展过去的，背部接口是主板自带的，稳定性要好于扩展的。

机箱上的USB接口和背部的USB接口一样吗？

（7）电源接口

除了显卡、硬盘有额外供电外，其他设备都要从主板取电，包括CPU、内存等。主板与电源连接的接口，是24pin的主接口。

此外，主板上有专门为CPU准备供电电源接口，需要连接电源的双8pin接口。

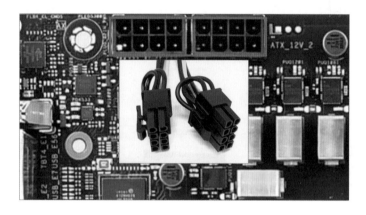

两者都有防呆设计，按照防呆卡扣的位置确定方向即可连接了。

CPU是非常精密的器件，要使用纯净且稳定的电源，所以需要通过主板上的电感、电容、电阻对电源进行稳压、滤波，CPU才能稳定工作。

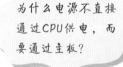

为什么电源不直接通过CPU供电，而要通过主板？

（8）音频接口

机箱前面板的音频接口要连接到主板的音频接口，位置一般在主板左下方，有防呆设计。

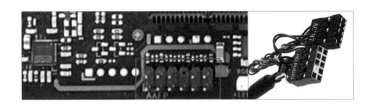

（9）散热器接口

散热器接口是用来连接CPU风冷和水冷散热器以及机箱散热风扇的接口，用来供电和调节风扇转速。在主板上很多位置有这类接口，包括上方和下方，一般为4pin接口。

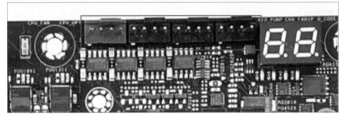

现在的主板上的散热器接口有很多，虽然都是4pin接口，但接口附近的标志有不同的英文字母，表示不同的用途。其中常见的有：

- **CPU_FAN：**CPU散热器接口，必须接，否则报警。
- **CHA_FAN/SYS_FAN：**机箱散热器接口。
- **AIO_PUMP：**用来为水冷散热器的水泵供电的接口，比其他接口提供的功率大。
- **CPU_OPT：**可选的CPU散热器接口。如果CPU散热器有2个，那么可以连接到此接口上。如果主板上没有水泵供电接口，也可以使用该接口，不过最好在BIOS中将该接口的转速改为全速。

不同的主板接口的名称和作用有可能不同，用户需要查询对应的主板说明再进行连接。

为什么我的主板没有那么多散热器接口？

（10）灯带接口

现在很多个性化硬件都带有酷炫的灯光效果，需要主板为其供电，常见的接口有RGB接口和ARGB接口。RGB接口提供12V的电压，只能纯色变换，4pin。而ARGB接口提供5V电压，可以实现多种色彩渐变效果，也就是常说的跑马灯，3pin。

（11）机箱指示灯及按钮跳线

很多读者在DIY时最头疼的就是连接机箱前面板的跳线了，其实连接起来并不困难，一般在接线柱旁都有连接说明，而且各种主板的跳线连接基本一致。

可以将接线柱分成4组，上下各分成2组，右下角的单独插针可以忽略，不起作用。那么剩下的4对，左上角一对是电源指示灯的插针，分正负极，左侧为正极。左下角一对是硬盘指示灯插针，分正负极，左侧为正极。右上角一对是电源按钮，不分正负极，接上即可。右下一对为重启按钮，不分正负极，接上即可。

（12）背板接口

在主板背面还为外设提供了大量接口，如下图所示。

从左到右依次是，2个USB2.0接口，2个Wi-Fi天线接口，4个USB3.2Gen1接口，1个DP IN视频输入接口，1个HDMI视频输出接口，2个USB3.2Gen2 Type-A接口（USB），1个USB3.2Gen2接口（支持DP），1个USB3.2Gen2×2Type-C接口，1个网络接口，3个音频接口，其中一个支持光纤Line Out。

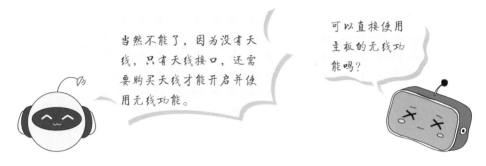

（13）其他功能

以上介绍的是最常见的接口，很多主板还集成了一键超频按钮（如下左图所示）、故障指示灯（如下右图所示）、显卡额外供电接口等。

▶ 2.2.6　主板的选购及搭配技巧

主板的选购和搭配需要一定的技巧。

（1）与CPU的搭配

前面介绍了，不同代数的CPU需要不同芯片组的支持，也就是需要不同系列的主板。简单来说就是不同的主板对应了不同的CPU针脚数，所以在挑选主板时一定要注意与CPU的针脚数对应。

（2）功能与可扩展性

相同芯片组的主板也分成很多型号，主要区别在于其支持的协议标准、提供的接口数量、用料和额外的功能。功能越多，用料越好，主板价格就越高。所以，要根据实际需要选择，如不需要超频，就不要选择Z系列主板，需要以后扩展升级，就不要选择H系列主板等。

（3）品牌和用料

主板是电脑的中枢核心，好的主板可以保证电脑长期稳定运行。组装主机时，用户往往最在意CPU和显卡的好坏，而忽略了主板的重要性，从而使用了劣质主板。这样轻则造成电脑兼容性和稳定性极差，重则会由于电容、电感等的损坏造成电脑其他部件损坏。

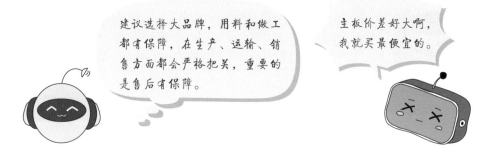

（4）售后服务

对于大品牌来说，在电商和实体店的售后基本类似，都是全国联保，基本是3年，有些板子可以达到5年。用户在挑选的时候，可以了解本地的服务商和地址，进行综合考虑。

2.3 认识内存

内存是电脑中的主要部件之一，是CPU与硬盘的数据中转中心。其作用是暂时存放CPU中的运算数据，以及与硬盘等外部存储器交换数据供CPU使用。准确地说，内存并不是与CPU直接通信，而是与CPU的高速缓存进行数据的交换。下图是DDR5内存条及其结构。

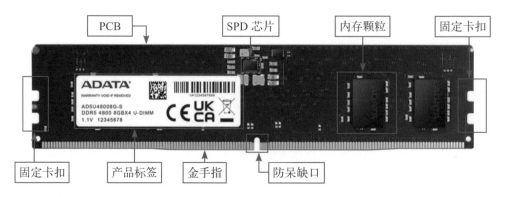

与DDR4相比，DDR5各方面参数都大幅度提升：DDR5的带宽为32GB/s，具有单颗内存超过16Gbit的芯片密度，可以使单条容量更大，工作频率高达4800MHz以上，最高频率达到6400MHz，内存的电压进一步降低到1.1V降低了功耗，同时，具有改进的命令总线效率、更好的刷新方案，以及增加的存储体组，以获得额外性能。

▶ 2.3.1 内存的主要结构及作用

内存的PCB为多层电路板。固定卡扣用来和主板内存插槽两侧的固定卡扣配合来固定内存，当内存按下后，两侧的卡扣抬起卡住内存。产品标签用来标明产品的各种数据信息。金手指连接内存插槽中的触点，用来供电和传输数据。防呆缺口和内存插槽的主板防呆设计相对应，匹配后才能插入。不同代数的内存，防呆缺口的位置也不同，以防止主板误插不同代数的内存。内存颗粒是内存存储数据的芯片，内存颗粒直接关系到内存品质的高低。

知识拓展

内存的代数

内存发展到现在，从最早的SDRM到DDR再到DDR5，各代之间不能通用，并且和CPU与主板相互配合才能使用。内存容量和数据传输速率都在不断提高，而功耗却在下降。

▶ 2.3.2 内存的主要参数与选购技巧

内存和CPU类似，通过频率来表示其速度，单位为MHz（兆赫），代表每秒读写内存的次数，频率越高说明速度越快。下面介绍内存的主要参数。

（1）频率

内存工作时电路的振荡频率称之为核心频率，每代之间差距不大，一般有133MHz、166MHz、200MHz三种，但核心频率并不代表内存实际速度的高低。核心频率通过倍频技术使频率放大，就变成了时钟频率。由于时钟信号在脉冲的上升沿和下降沿都要传输数据，速率加倍，因此时钟频率的2倍被称为等效频率。DDR的等效频率是核心频率的2倍，DDR2是4倍，DDR3是8倍，DDR4是16倍，DDR5是32倍。

平时看到的内存条标签上的数值，比如1333 MHz、1600 MHz、2133 MHz、2400 MHz、2666 MHz、3000 MHz都是等效频率，是通过信频技术提升后的实际速度。CPU处理数据时，需要的内存性能也是看等效频率。DDR4的等效频率从1600 MHz到3200 MHz，DDR5的等效频率从3200 MHz到6400 MHz。通过超频，DDR5有望突破10000 MHz。

（2）时序

时序可以简单理解为内存的反应速度（延迟时间）。一般第一时序用多个时间参数描述，主要有CL-t_{RCD}-t_{RP}-t_{RAS}，单位是时钟周期。其中CL最为重要，因为它需要和内存控制器保持同步，CL的值越小越好。

（3）带宽

带宽也反应了传输速率，取决于两个参数，公式为：带宽=标称频率×数据总线位宽/8。DDR到DDR5，数据总线位宽都是64bit，组成双通道的话，位宽加倍变成128bit。

两者同时使用的话，频率按照最低的运行，也就是4200MHz。

DDR5 5200MHz和DDR5 4200MHz如果同时使用，频率是多少？

（4）XMP

XMP全称是extreme memory profile，是一种便于内存超频的技术，是由Intel推出的，目前在DDR4内存上广泛使用的是XMP2.0版。XMP技术是官方认可的，通过读取内存的SPD信息，可将内存自动运行在一个稳定的超频状态。在BIOS中开启XMP，并选择内置的频率参数即可运用。

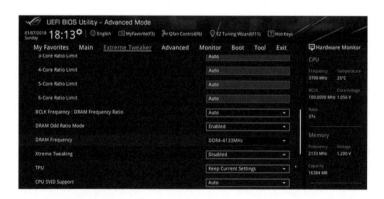

（5）内存与主板的匹配

因为不同代数的内存对应不同的主板，不同代数的内存和对应主板的防呆缺口是不同的，所以在选购内存时，一定要查看该主板是否支持。特别是在内存换代的过渡期，更加需要注意。

（6）内存的容量

现今主流的操作系统是Windows 11，鉴于内存价格已经非常低，普通办公用户使用8G即可。如果想流畅地使用操作系统或需要对视频进行处理，建议使用16G。大型游戏玩家或者专业设计人员建议使用32G。

（7）双通道

现在内存控制器都集中在了CPU中，在CPU中设计有两个内存控制器，这两个内存控制器可独立工作，每个控制器控制一个内存通道。这两个内存控制器通过CPU可分别寻址、读取数据，从而使内存的带宽增加一倍，数据存取速率也相应增加一倍（理论上）。组建双通道非常简单，将两条相同的内存插入主板相同颜色的内存插槽中即可。或者阅读说明书，查看哪两个插槽可以组建双通道。一般而言，插入2、4插槽（离CPU最近的是1号插槽，向外为2、3、4号插槽）效果会更好。

（8）常见的内存品牌

目前具备内存颗粒生产能力的厂家主要有：国外的三星、海力士、镁光等，国内的长鑫等。尽量选择内存颗粒生产厂家或者知名组装厂商的产品。它们的产品都会经过严格检测，质量可以得到保证。大部分知名内存厂家都可以做到终身固保，所以用户对售后不需要太过担心。选择时，可以考虑以下厂商：金士顿（Kingston），威刚（ADATA），美商海盗船（USCorsair），三星（SAMSUNG），宇瞻（Apacer），芝奇（G.SKILL），海力士（Hynix），英睿达（Crucial）等。

▶ 2.4 认识显卡

显卡是负责电脑对外显示图像信号的硬件设备。很多CPU支持核显，如果没有特殊的显示需要，普通用户也可以使用CPU的核显来工作和娱乐。有更高要求的用户可以选择独立显卡。下面介绍显卡的相关知识。

▶ 2.4.1　显卡简介

　　显卡（video card，graphics card）全称显示接口卡，又称显示适配器或者叫显示加速卡，作为电脑的一个重要组成部分，是负责显示任务的组件。显卡接在电脑主板的PCI-E插槽上，具有图像处理能力，可协助CPU工作，提高电脑的整体运行速度。显卡图形芯片主要供应商有AMD（超微半导体）、NVIDIA（英伟达）两家。NVIDIA RTX4090如下图所示。

▶ 2.4.2　显卡的结构

　　由于显卡是发热大户，所以一般都配备了散热器，尤其是一些旗舰显卡，其外面厚厚的散热鳍片和风扇非常显眼，但也使显卡非常重。除去散热鳍片、散热管和风扇后，就可以看到显卡的内部电路板了。

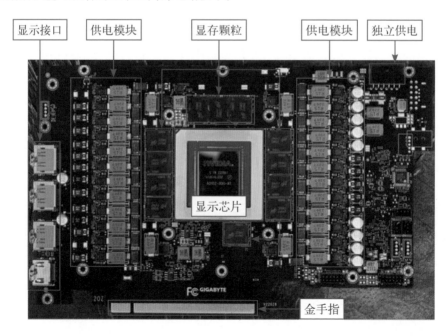

（1）显示芯片

显示芯片是显卡的核心芯片，如下左图所示，就是通常所说的GPU（graphic processing unit，图形处理器）。显示芯片的性能高低直接决定了显卡性能的高低。显示芯片的主要任务就是处理系统输入的图像信息，如对其进行构建、渲染等工作。不同的显示芯片，不论是内部结构还是性能，都存在着差异，价格差别也很大。本例使用的是NVIDIA定制工艺的AD102-300-A1 GPU芯片，采用TSMC 4N工艺制造，集成763亿个晶体管，比上一代三星8nm工艺的GA102核心集成的283亿个晶体管多了将近1.7倍。

（2）显存

显存的作用在于存储图形处理过程中所必需的材质以及相当一部分图形操作指令。在整个显卡的缓存体系中，显存的体积是最大的。作为缓存体系中最重要的组成部分，显存就像是一个巨大的仓库，材质也好，指令也罢，几乎所有涉及显示的程序和数据都被调入其中。如下右图所示，为板卡上的显存颗粒。显存颗粒一般位于显示芯片的附近，不同型号的显卡显存颗粒容量可以不同，数量也可以不同。本例中，显示芯片四周是12颗GDDR6X显存，颗粒来自美光，型号是2MU47 D8BZC，单颗显存容量2GB，12颗组成24GB超大显存，频率为21Gbit/s。

(3)供电模块

对显卡的稳定供电，是显卡稳定运行的前提。所谓稳定，就是显卡在满负荷运行时，电源可以提供相对稳定的电压、电流供应，不会影响显卡的性能。随着显卡频率不断提高，性能越来越强，单相供电已经不能满足显卡的供电需求。采用多相供电是降低显卡内阻及发热量的有效途径，同时还提高了电流输入和转换效率，在很大程度上保证了显卡的稳定运行。在本例中，显卡采用了豪华的24+4相供电设计，供电位置被安排在PCB的两侧，每相供电均采用独立的DrMOS，型号为SiC653A，每相最大可承载50A的持续电流。

另外，通过主板给显卡供电已经远远不能满足显卡的用电需求了，所以现在比较主流的显卡都需要额外从电源取电，所以在显卡右上方配有全新的12VHPWR供电接口，相比以往的8pin接口，占用的地方要少很多。

（4）显示接口

显示接口用来连接显卡与显示器。经过多年的发展，早期的VGA接口已经淘汰，DVI接口正在消失中，现在主流的显卡一般配备有HDMI接口和DP接口。所以在挑选显示器的时候，一定要查看显示器是否有HDMI接口和DP接口。

转换显示接口

有些读者需要使用老式显示器作为第二显示设备，但设备上只有VGA或DVI接口，那么就需要购买转接器来转接显示。如DP转DVI转接线或HDMI转VGA转接线。

（5）PCI-E接口

　　PCI-E接口就是显卡下方的金手指，用来接驳主板的PCI-E×16接口，通过该接口与CPU、内存、硬盘传输数据，还可以为显卡提供一部分电能支持。如果显卡的功耗非常低，不需要额外供电，使用PCI-E接口供电即可。本例显卡接口为PCI-E4.0标准接口。

（6）散热系统

　　显卡是发热大户，显卡的散热系统主要保障显卡的正常工作。一般显卡散热系统包括热管、风扇、外壳等，主要对显卡的GPU、供电模块、显存颗粒进行有效的散热。散热系统一般有底座+鳍片，热管+散热鳍片+风扇，以及水冷、液氮等类型。散热系统的好坏直接影响显卡的稳定性。

▶ 2.4.3　显卡的性能参数和选购技巧

在挑选显卡前，需要先了解一些显卡的性能参数。和CPU类似，显卡也有天梯图来表示各显卡的性能档次，在挑选时可以通过天梯图进行对比。

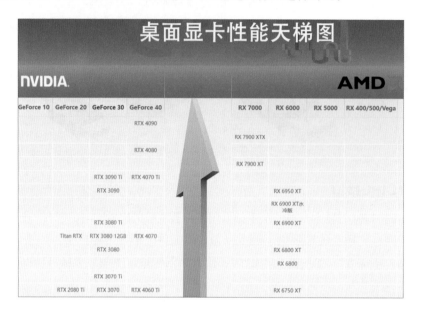

桌面显卡性能天梯图

NVIDIA				AMD			
GeForce 10	GeForce 20	GeForce 30	GeForce 40	RX 7000	RX 6000	RX 5000	RX 400/500/Vega
			RTX 4090				
				RX 7900 XTX			
			RTX 4080				
				RX 7900 XT			
		RTX 3090 Ti	RTX 4070 Ti				
		RTX 3090			RX 6950 XT		
					RX 6900 XT水冷版		
		RTX 3080 Ti			RX 6900 XT		
Titan RTX	RTX 3080 12GB	RTX 4070					
		RTX 3080			RX 6800 XT		
					RX 6800		
		RTX 3070 Ti					
RTX 2080 Ti	RTX 3070	RTX 4060 Ti			RX 6750 XT		

（1）显卡命名

显卡主要以显示芯片命名，在挑选时，可以根据显示芯片确定显卡的档次，再根据价格、功能等，确定显卡的具体型号。现在比较常见的NVIDIA显卡是40系列，包括RTX 4090/4080/4070Ti/4070/4060Ti/4060等，AMD显卡为70系列的RX 7900XTX/7900XT/7600等。

（2）核心频率

显卡的核心频率是指核心芯片的工作频率，工作频率在一定程度上可以反映出核心芯片的性能。但显卡的性能是由核心频率、显存频率、显存大小、显存位宽、CUDA核心数量等多方面的情况所决定的，因此在核心芯片不同的情况下，核心频率高并不代表显卡性能强劲。在同样级别的核心芯片中，核心频率高的则性能要强一些，提高核心频率就是显卡超频的方法之一，显卡默认频率叫做基础频率。

显卡也有和睿频类似的动态加速功能，此时的频率叫做加速频率

显卡有没有加速功能？

（3）显存类型及显存频率

和电脑内存的类型类似，显存颗粒也划分代数，而且代数已经超过了内存，现在的主流是GDDR6及GDDR6X（等效频率更高）。显存频率是指默认情况下，显存在显卡工作时的频率，以MHz（兆赫兹）为单位。显存频率在一定程度上反映显存的速度。

知识拓展　　　　　　　　　　GDDR

GDDR是为高端显卡特别设计的高性能存储规格，有专属的工作频率、时钟频率、电压，因此与市面上标准的DDR有所差异，与普通DDR不同且不能共用。一般它比电脑中使用的普通DDR的时钟频率更高，发热量更小。

（4）显存大小和位宽

显存在其他参数相同的情况下是越大越好，但显存越大并不代表显卡越好，因为影响显卡性能高低的因素还包括核心芯片的频率、显存的频率、位宽等。显存位宽是显存在一个时钟周期内所能传送数据的位数，位数越大则相同频率下所能传输的数据量越大。显卡显存位宽主要有256位、384位等几种。

（5）PCI-E标准的版本

PCI-E的接口标准，现在正在从4.0向5.0过渡。PCI-E5.0可以让显卡以更高的带宽和速率访问各种资源。

（6）显卡的接口

接口主要是用来和显示器连接，在购买显示器时，一定要确保显示器的接口和显卡的接口相对应，起码要有DP接口或HDMI接口。

▶ 2.5　认识硬盘

硬盘主要用来存储电脑使用的各种文件。和内存的易失性（断电后数据消失）不同，硬盘可以在电脑断电后继续保持数据的存储状态。

▶ 2.5.1　硬盘简介

随着存储技术的发展，硬盘正从机械硬盘向固态硬盘过渡。接下来向读者介绍这两种不同的硬盘。

（1）机械硬盘

机械硬盘由一个或者多个铝制或者玻璃制的碟片组成。这些碟片外面覆盖有铁磁性材料。绝大多数机械硬盘都是固定硬盘，被永久性地密封固定在硬盘驱动器中，除了台式电脑用的3.5in（1in=25.4mm）机械硬盘，还有用于笔记本上的2.5in硬盘。

打开硬盘的外壳可以看到硬盘的结构，其主要由磁盘、磁头、盘片转轴及控制电机、磁头控制器、数据转换器、接口、缓存等几个部分组成。

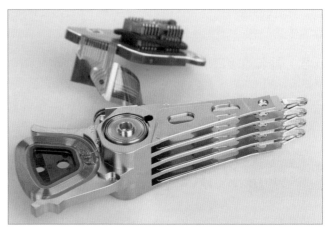

磁头可沿盘片的半径方向运动，加上盘片每分钟几千转的高速旋转，磁头就可以在盘片的指定位置上进行数据的读写操作。硬盘作为精密设备，尘埃是其大敌，所以进入硬盘的空气必须过滤。随着科技的发展，现在很多硬盘采用了封闭结构，并在其中填充了氦气，可以杜绝盘片被氧化腐蚀的问题，能大幅度降低主轴及磁头运行的阻力，降低硬盘组件与气体的摩擦，从而提升硬盘的稳定性，平衡热量和功耗，盘片抖动的问题也迎刃而解。

单碟就是硬盘中只有一片磁盘盘片；多碟就是硬盘中有多片磁盘盘片，同时配备多个磁头进行读写。

单碟和多碟是什么意思啊？

程序请求某一数据时，CPU查看数据是否在高速缓存中，如果没有则查看是否在内存中。如果不在，将该请求发往磁盘控制器。磁盘控制器检查磁盘缓冲区是否有该数据，如果有则取出并发往内存。如果没有，则触发硬盘的磁头转动装置。磁头转动装置在盘面上移动至目标磁道。磁盘电机的转轴旋转盘面，将请求数据所在区域移动到磁头下。磁头通过改变盘面磁颗粒极性来写入数据（或者探测磁极变化读取数据）。硬盘将该数据返送给内存，并停止电机转动，将磁头放置到驻留区。

（2）固态硬盘

固态硬盘（solid state drive，SSD）是使用存储颗粒来存储数据的，没有机械部件，和机械硬盘的存储原理完全不同，但和U盘的结构相似。固态硬盘按照接口可以分为SATA接口的固态硬盘和M.2接口的固态硬盘。SATA接口的固态硬盘，大小和2.5in机械硬盘相同，如下左图所示。M.2接口的固态硬盘如下右图所示。

拆开SATA固态硬盘的外壳，可以看到其内部的结构。其中包括了主控芯片、闪存颗粒、缓存芯片等。

固态硬盘在存储单元晶体管的栅（gate）中，注入不同数量的电子，通过改变栅的导电性能，改变晶体管的导通效果，实现对不同状态的记录和识别。有些晶体管，栅中的电子数

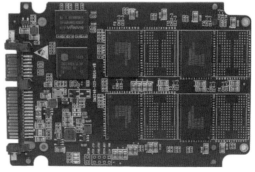

目多与少，带来的只有两种导通状态，对应读出的数据就只有0/1；有些晶体管，栅中电子数目不同时，可以读出多种状态，能够对应出00/01/10/11等不同数据。

▶2.5.2 机械硬盘的参数

相对于固态硬盘，机械硬盘的速度较慢，噪声较大，而且工作时不能移动或振动，以免造成盘片划伤、数据被破坏的情况。但是机械硬盘的价格较低，性价比高，适合作为普通电脑的数据盘来使用。接下来介绍机械硬盘的主要参数。

知识拓展　　　**机械硬盘的数据恢复**

由于采用的是磁性材料保存数据，所以在盘体没有被破坏的情况下，数据修复的可能性相对于固态硬盘要高。而固态硬盘由于存储原理和存储介质的关系，一旦存储颗粒出现故障，找回数据的概率非常低。

（1）容量

现在主流的机械硬盘，2TB已成为标配。硬盘的容量以GB为单位，在操作系统中，换算为1TB=1024GB。但硬盘厂商在销售时，通常取1GB=1000MB。在BIOS中或在格式化硬盘时看到的实际可用容量会比厂家的标称值小，如1TB硬盘在格式化后，显示约为930GB。

（2）转速

硬盘电机的旋转速度一般指的是硬盘盘片在一分钟内最大的转数。转速在很大程度上影响硬盘的数据读取和写入速度。因为硬盘的转速越快，硬盘寻找文件的速度也就越快。

家用的普通硬盘的转速一般有5400r/min、7200r/min几种。高转速硬盘是台式机的首选；笔记本使用的2.5in机械硬盘，通常以4200r/min、5400r/min为主；服务器对硬盘性能要求最高，服务器中使用的SCSI硬盘的转速基本都采用10000r/min，甚至还有15000r/min的。

高转速会带来硬盘温度升高、电机主轴磨损加大、噪声增大，选购时需要注意。

高转速对硬盘有什么影响？

（3）传输速率

传输速率表征硬盘的读写速度，单位是MB/s。一般7200r/min的SATA接口的机械硬盘，传输速率在90～190MB/s，而且还要看传输的文件是大文件还是零散的小文件。5400r/min的SATA接口的笔记本机械硬盘，传输速率能达到50～90MB/s。而M.2接口的固态硬盘，如果使用的是PCI-E通道且采用了NVMe协议，理论上传输速率可以达到3500MB/s及以上。所以，机械硬盘在传输速率方面毫无优势。

（4）缓存

当硬盘存取零散数据时，需要不断地在硬盘与内存之间交换数据。可以将零散数据暂存在缓存中，以减小系统的负荷，也提高了数据的传输速率。

目前主流的硬盘缓存为64MB，叠瓦盘因为存储数据的原理，缓存更大，一般为256MB。硬盘标签一般会标识缓存的大小，用户在选购时需要注意观察判断。

（5）垂直盘与叠瓦盘

机械硬盘还可以分为垂直盘和叠瓦盘。垂直磁记录（PMR或CMR）是一种比较传统的解决方案，磁盘轨道从不重叠，要提升容量只能通过增加盘片数量和提高磁盘的写入密度来实现。而叠瓦磁记录（SMR），则是将部分盘片上的轨道通过相互重叠的方式进行排列，这种技术通过较低的成本增加了容量。但是叠瓦盘在长时间持续写入时性能会受到影响，导致其综合读写速度要低于垂直盘。

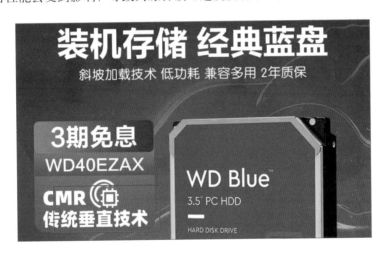

由于叠瓦盘数据冗余纠错技术未得到更新，这就导致其读写和存储数据的可靠性也降低了。由于数据的重要性远超硬盘的价值，所以如果用户需要存储重要数据，建议选择垂直盘。

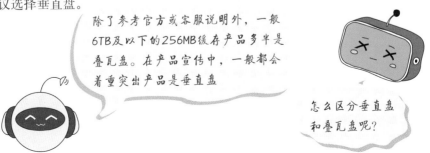

除了参考官方或客服说明外，一般6TB及以下的256MB缓存产品多半是叠瓦盘。在产品宣传中，一般都会着重突出产品是垂直盘

怎么区分垂直盘和叠瓦盘呢？

（6）接口

SATA硬盘的数据接口是SATA接口，供电使用的也是SATA接口，在安装时需要注意防呆的方向，以免插错。

▶ 2.5.3 固态硬盘的参数

固态硬盘已经广泛应用于笔记本和台式机中，下面介绍固态硬盘的相关参数。

（1）硬盘主控

固态硬盘的主控芯片基于ARM架构，硬盘的功能、规格、工作方式等都由该芯片控制。主控芯片的作用有3个：合理调配数据在各个闪存颗粒上的负荷，让所有的闪存颗粒都在一定的负荷下正常工作，协调和维护不同区块颗粒的协作，减少单个颗粒的过度磨损；承担数据中转工作，负责连接闪存颗粒和外部的SATA接口；负责执行固态硬盘内部的各项指令，比如坏块映射、错误检查和纠正、磨损均衡、垃圾回收、加密等。

（2）闪存颗粒

闪存颗粒是固态硬盘存储数据的关键模块。闪存颗粒将数据以电荷的方式存储在每个存储单元中。NAND中包含了多个存储单元，一个存储单元可以存储一个数据或多个数据，主控芯片可以直接定位到存储单元中的数据，这也是固态硬盘速度快的主要原因。

考虑到性价比，现在的主流闪存颗粒都是TLC类型。

那应该选择什么类型的闪存颗粒啊？

通常，闪存颗粒有SLC、MLC、TLC、QLC、PLC这5个类型。PLC最便宜，可以存储的数据最多，但使用频率也最高，造成其寿命最短。所以，从使用频率来说，PLC>QLC>TLC>MLC>SLC；从寿命来说，SLC>MLC>TLC>QLC>PLC。NAND是单层结构，现在出现了3D NAND多层结构。这样的堆叠解决了容量问题，但发热量也更大。现在比较主流的闪存颗粒都属于TLC类型。

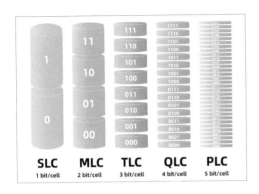
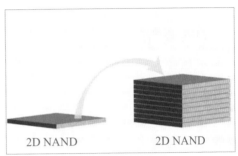

可以生产闪存颗粒的厂家有：三星、西部数据、海力士、铠侠（原东芝存储）、镁光（英睿达）、长江存储（致态）。通过晶圆制造→检测→封装，合格产品贴上商标的即为原厂颗粒（原片）；不经过检测直接卖给其他厂家去检测封装的，即为原厂第三方封测颗粒，这类闪存颗粒品控较原厂封测的颗粒整体略差一些。还有一些淘汰掉的颗粒会进行技术处理，再卖出去，这就是原厂降级片（大S颗粒），也叫白片，不进行技术处理直接卖出去的是黑片，这两种颗粒都不建议购买。

（3）TBW

现在固态硬盘的寿命统一按照写入总字节数（total bytes written，TBW）来表示。比如一块SSD标注是100TBW，那么说明在固态硬盘的寿命周期内，至少可写入100TB的数据。

有些人会误以为TBW就是SSD寿命周期内可以写入数据的总量，写这么多数据后SSD就会坏掉，其实不完全是。这个参数的意思是如果在保修期内向SSD写入超过这个参数数值的数据的话厂家就不给保修了，因为此时写入操作已经超出了SSD正常使用的范畴（也基本上达到产生故障的临界值了）。一般来说，这个数值挺难超过的，所以厂家还会加上一条"或多少年内质保"。

（4）4K对齐

4K对齐就是按照"4K扇区"定义格式化硬盘，并且按照"4K扇区"的规则写入数据。NTFS文件系统的默认分配单元的大小（簇）也是4096B，为了使簇与扇区相对应，即物理硬盘分区与计算机使用的逻辑分区对齐，以保证硬盘读写效率，所以就有了"4K对齐"的概念。

固态硬盘讲究4K对齐，因为如果不对齐，读写数据时会跨2个扇区，这样会增加固态硬盘的读写次数，降低读写速度，更严重的是会缩短固态硬盘的寿命。可以使用工具来检测固态硬盘是否已经4K对齐。

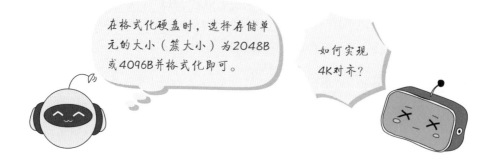

（5）接口

M.2固态硬盘一般分为三种接口形态，包括B key，M key，B&M key。现在用得比较多的是M.key接口的固态硬盘。B key已经淘汰，被B&M替代了，如果考虑兼容性必须使用B key接口，可以购买B&M固态硬盘。

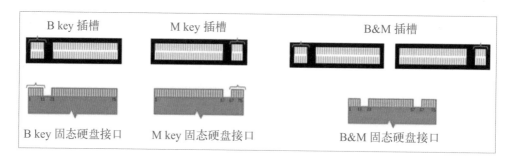

B key接口和B&M key接口的固态硬盘通常使用的是SATA通道或PCI-E直连通道，具体需要结合主板说明来确定。M key默认使用PCI-E×4通道，所以读写速度非常快。

（6）通道

通道就是数据传输使用的线路，不同的数据通道提供的数据带宽不同。数据可以理解为车辆，可以走SATA数据通道，双向4车道，也可以使用PCI-E数据通道，双向8车道。显卡使用PCI-E通道，机械硬盘使用SATA通道。通常状况下，M.2固态硬盘使用的是PCI-E通道，但如果主板支持多个M.2接口，并不是所有的M.2固态硬盘数据都走PCI-E通道，也可能走SATA通道。用户可以参考主板说明书或从网上查询相关资料来确定。根据主板PCI-E支持的版本（3、4、5），选择对应版本的M.2固态硬盘，才能完全发挥出固态硬盘的速度优势。

（7）协议

协议可以理解成是数据在数据通道中传输的规则，就像在路上行驶的车辆必须遵守交通规则一样。协议可以规范数据的传输，充分利用通道的带宽，减少带宽浪费和数据堵塞。每个通道都有其独特的协议。如机械硬盘可以在SATA通道中使用AHCI协议，而固态硬盘可以在PCI-E通道中使用NVMe协议。NVMe协议是为使用PCI-E通道的固态硬盘量身定制的，全新标准支持多种不同的固态硬盘接口，具有延迟低、传输速率快、功耗低等优势。所以，现在在购买M.2固态硬盘时一定要选择使用NVMe协议的。

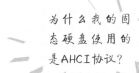

（8）尺寸

SATA固态硬盘的尺寸是标准的2.5in，可以方便地固定在机箱中，或者安装到笔记本的硬盘插槽中。M.2固态硬盘有2230（表示22mm×30mm）、2242、2260、2280四种尺寸，在选购时，需要查看主板支持的M.2固态硬盘的尺寸。

（9）缓存

有些固态硬盘有外置的独立缓存（DRAM cache）和模拟缓存（SLC cache）。为了节省成本，并非所有的硬盘都有独立缓存。独立缓存的主要作用有2个：一个是存放FTL表（相当于目录），主要为了更方便快速地查找颗粒中存放的文件；另一个作用是缓解写入放大，凑足一个block区块的数据再统一写入，可以增加固态硬盘的寿命。无缓存的固态硬盘会借助于内存来存放FTL表，当然读写速度较独立缓存会慢一点。

模拟缓存（SLC cache）会在TLC中划分出一块区域作为SLC存储，因为SLC非常快，所以读写数据也非常快，但该区域存储完毕后，数据会转入TCL区域，写入速度就会降下来，也就是所谓的掉速。

▶ 2.5.4　硬盘的选购技巧及注意事项

在选购硬盘时，需要根据使用者的数据存储情况及实际使用情况来选择。

（1）根据不同的使用方向选购

一般来说，固态硬盘主要存储操作系统，以达到快速启动的目的，软件与游戏也可以放在固态硬盘中。如果用户使用软件较少，那么256GB或500GB容量的固态硬盘比较适合，不需要再分区。

如果使用的应用软件或游戏较多较大，那么选择1TB及以上的固态硬盘比较合适。可以通过分区来划分不同的功能区（建议2个区即可，不建议分过多的区，会影响固态硬盘的性能和寿命），以方便备份文件及安装操作系统。

考虑到固态硬盘恢复数据的难度较高，不建议将重要的数据存储在固态硬盘中。可以为电脑配置机械硬盘，并根据数据量的大小，选择2TB或以上的机械硬盘。

（2）根据电脑配置选购

如果主板支持，尽量选择支持NVMe协议的M.2固态硬盘。根据主板的型号和通道，选择PCI-E 3.0（老主板）、PCI-E 4.0（主流）、PCI-E 5.0（高端）对应的M.2固态硬盘，以享受高速的数据读写功能。如果没有M.2接口，可以选择SATA固态硬盘，读写速度方面会慢一些，但仍远远高于机械硬盘。

如果主板没有M.2接口，也可以使用PCI-E转接卡来增加M.2固态硬盘。但需要注意，下图中的两个插槽，一个支持PCI-E通道，另一个使用SATA数据线连接到SATA接口中，并不能两个插槽同时使用PCI-E数据通道。另外，一些比较老的电脑虽然也是M.2接口，但使用的是SATA通道，在购买时，一定要查看主板的说明，还要查看是否支持NVMe协议。

NVMe参数对比图

参数 \ 型号	970 EVO Plus			980		980 Pro		
容量	500GB	1TB	2TB	500GB	1TB	500GB	1TB	2TB
读取	3500	3500	3500	3100	3500	6900	7000	7000
顺序写入/(MB/s)	3200	3300	3300	2600	3000	5000	5000	5100
IOPS/(k/s)	300	600	1200	300	600	300	600	1200
缓存	512MB	1GB	2GB	HMB(主机内存缓冲区)		512MB	1GB	2GB
控制器	Phoenix			Pablo		Elpis		
协议	PCI-E3 × 4 NVMe 1.3			PCI-E3 × 4 NVMe 1.4		PCI-E4 × 4 NVMe 1.3c		
质保	五年有限质保			五年有限质保		五年有限质保		

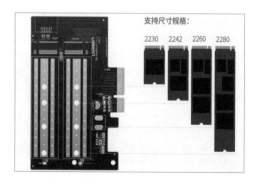

（3）根据环境选购

需要高速传输数据、安静的环境、经常在移动中使用电脑，工作环境不稳定，工作环境恶劣，温度较高或较低，经常发生振动或受电磁影响等情况，可以选择固态硬盘。需要大容量、数据非常重要、对噪声没有特别要求等情况，可以选择机械硬盘。

▶ 2.6 认识电源

电脑无法直接使用220V的交流电，需要通过电脑机箱中安装的电源将市电转换成电脑可以使用的不同电压的直流电。下面介绍电源的相关知识。

▶ 2.6.1 电源的作用

这里的电源指的是电脑的电源。电脑内部组件都无法直接使用220V的交流电，需要通过电脑电源将其转换成12V、5V、3.3V的直流电才能被其他组件使用。电脑电源是电脑的供电枢纽，也是电脑系统重要的组成部分。常见的全模组电源如下左图所示，普通的电源如下右图所示。

▶ 2.6.2 电源的参数和选购技巧

在挑选电源前，需要了解电源的一些参数，以方便比较与甄别产品。

（1）电源的额定功率

电源的功率代表了电源的承载能力。在挑选电源时，经常会遇到各种功率参数，其中最重要的是电源的额定功率。电源的额定功率表示电源在正常温度、电压下工作的可长时间输出的最大功率，单位是瓦特，简称瓦（W）。额定功率越大，电源所能承载的设备也就越多。

对，虽然无法直接提升电脑的性能，但保障了整个电脑硬件系统的稳定性，尤其是CPU和大功率显卡，非常依赖稳定的电能供给。

电源的稳定是电脑稳定的基础中的基础。

（2）电源的峰值功率

电源的功率不是一成不变的，而是随着用电硬件的需要而变化。和睿频类似，某时间段电源可能工作在超出额定功率的状态下。峰值功率就是指电源短时间内能达到的最大功率，通常仅能维持几秒至几十秒。一般情况下，电源峰值功率可以超过额定功率15%左右。峰值功率其实没有什么实际意义，因为电源一般不能在峰值功率长时间稳定工作。

（3）电源的接口

确定了输出功率后，还要根据用电硬件的数量选择满足所有硬件接口需要的电源。常见的电源输出接口及作用如下。

① 主板供电接口　指为主板提供电能的接口，插入到主板的24pin插槽中，如下左图所示。

② CPU供电接口　该接口主要用来为CPU供电，通常插在主板的供电插槽中，如下右图所示。接口形式有双4pin、双6pin和双8pin，根据CPU的需要，不同的主板有不同的插槽，选购电源时需要注意。

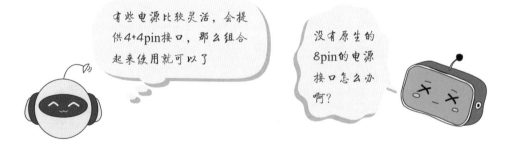

有些电源比较灵活，会提供4+4pin接口，那么组合起来使用就可以了

没有原生的8pin的电源接口怎么办啊？

③ 显卡供电接口　该接口为显卡提供外接电源，根据显卡功率的不同，有双6pin、双8pin等规格。有些8pin做成了6+2pin，如下左图所示，以适应更多的情况。

④ SATA供电接口　该接口主要为SATA设备供电，如为硬盘供电，如下右图所示。

没有12VHPWR供电接口可以转接吗？

现在比较流行的12VHPWR供电接口，显卡厂商也会为其配置单独的转接线，当然最好是选择支持原生12VHPWR供电接口的电源。

⑤ D型电源接口　该接口也叫做大4pin接口，主要为机箱风扇或者其他的设备供电。

知识拓展

转接线

如果电源标配的接口不够用了，可以使用转接线，将空闲的其他类型的接口转换成所需接口为设备供电。注意要选择好的线材。

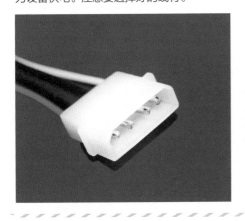
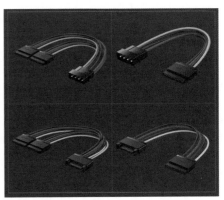

（4）电源的铭牌

在选购电源时，除了查看额定功率外，还要学会查看电源的铭牌，从中可以了解更多的电源参数。

如下图所示，输出分为+12V、+5V、+3.3V、-12V、+5VSB。CPU使用的一般是+12V，主板芯片一般使用的是+5V和+3.3V，PCI-E设备使用的主要是+12V，内存用的是+3.3V，USB设备使用的是+5V，-12V用得较少，主要给串口和接口设备做电平判断使用。+5VSB也叫做+5V待机，在待机或关机状态给主板芯片提供电流，以便于快速唤醒或开机。

因为+12V是功率大户，占比越高，说明电源越优质，一般必须至少达到80%。本例的+12V的功率为720W，占输出的比例超过95%。而有些电源虽然额定功率标称不低，但+12V占比不高，说明这些电源有非常大的质量问题，在挑选时一定要注意。

（5）功率转换效率

电脑电源的功率一般都会用"瓦"来描述，这个指标反应的就是电源的额定功率。不过电脑电源要将交流电转换成直流电输出这个功率，中间是有损耗的，也就是存在转换效率的问题，转换效率越高，电源自身的电能损耗就越低。80PLUS认证就是用来反映功率转换效率的标准。通过80PLUS金牌认证的电源，最高转换效率可突破90%，而最低转换效率也超过了80%，可以说是相当省电了。

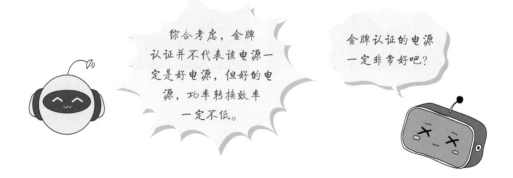

（6）静音与散热

功率转换时，损失的功率变成了热量。电源的高转换效率代表着转换的热量少，散热压力小，电源风扇就转得慢，静音随之而来。反之，电源风扇就必须要加快转速，噪声就随之而来了。

知识拓展

风扇大小与噪声的关系

有人认为采用大风扇可以减小噪声，其实噪声的来源就是热量，只有控制功率转换时变成热量的那部分，并采用耐高温元件才能真正减少风扇噪声，与风扇大小关系不大。

（7）功率的计算

功率的计算非常简单，将机箱内所有用电设备的峰值功率相加即可。耗电大户 CPU 和显卡的功率参数可以查询产品说明。有很多可以计算电脑功耗的网站，选择产品后，就会计算出相应的所需的电源功率，以方便用户对电源的挑选和购买。所挑选的电源的额定功率需要大于计算出的功率。

功率计算器

您选择的电脑配件的总功率为：512.04W

配件名	+12V Combine	+12V2	+5V	+3.3V	总功率
CPU	0.00	10.42	0.00	0.00	125.04
主板	0.42	0.00	0.00	0.00	5.04
内存	0.00	0.00	0.00	0.45	2.97
显卡	29.17	0.00	0.00	0.00	350.04
硬盘	0.35	0.00	0.00	0.00	8.4
CPU风扇	0.40	0.00	0.00	0.00	4.8
机箱风扇	0.25	0.00	0.00	0.00	12
USB移动设备	0.00	0.00	0.50	0.00	2.5
键盘	0.00	0.00	0.25	0.00	1.25

▶ 2.6.3　全模组电源

全模组电源是相对于传统电源来说的。非模组电源所有的线缆都已经事先安装在了电源上，无法移除；而全模组电源，每一组线缆都可以按照用户需求移除或在不够时添加。全模组电源的好处就在于线缆可以根据用户需要进行取舍，使机箱更整洁。更换全模组电源不需要拔设备端的接口，只要拔电源上的接口就可以了，十分方便。而且，线缆可以使用定制线，能突出个性。

（1）全模组电源的接口

全模组电源接口非常多。其上有接口说明提示，根据提示接线即可。如MB是主板接口，共28pin，连接线另一端为24pin，可以为主板的24pin接口供电。标记为CPU/VGA/PCI-E字样的5组8pin接口通过连接线为CPU和显卡供电。剩下的4组6pin接口是为SATA设备供电的。连接线的一端会有PSU标志，说明是连接到电源的一端，另一端是连接对应设备的。

（2）全模组电源的连接线

负责连接显卡的8pin转双6+2pin连接线如下左图所示。

负责连接CPU的8pin转双4pin连接线如下右图所示。如果CPU需要双8pin供电，那么还需要一根该连接线。

负责给SATA设备如硬盘供电的6pin转多SATA连接线如下左图所示。

如果需要D型接口，可以通过6pin转多个大4D接口连接线实现，如下右图所示。

▶ 2.7 认识机箱

所有的电脑内部组件都需要安装在机箱中才能稳定工作。另外，机箱还可以隔绝电磁辐射，保护硬件设备。重要的是，机箱可以和机箱风扇一起构建系统的散热风道来提高散热效果。

▶ 2.7.1 机箱简介

机箱一般由外壳、支架构成。在前面板上有功能按钮和指示灯，需要通过机箱跳线连接到主板上才能使用。

机箱作为电脑的配件，起的主要作用是放置和固定各种电脑内部组件，起到承托和保护作用。机箱坚实的外壳保护着板卡、电源及存储设备等，能防压、防冲击、防尘，并且它还能发挥防电磁干扰、辐射的功能。

虽然机箱在DIY中不是直接关系到电脑性能的配件，但是使用质量不良的机箱容易让主板和机箱之间产生短路，使电脑系统变得很不稳定。

机箱跟系统性能又没关系，什么漂亮买什么。

在追求个性化的今天，机箱也成为了DIY的宠儿，全透机箱、侧透机箱比比皆是，配合内部组件的RGB灯光，使整个机箱更加酷炫。通过各种内饰与分体水冷的组合，机箱成为个性化展示的平台。

▶ 2.7.2 机箱的分类

常见的机箱根据可安放主板的大小，分为ATX机箱、MATX机箱和ITX机箱。

ATX 机箱   MATX 机箱   ITX 机箱

另外，根据透明度还分为侧透机箱和全透机箱。有些特殊的异形机箱也非常受欢迎。

▶ 2.7.3 机箱风道

电脑硬件系统中，CPU和显卡是发热大户，因此机箱的散热设计变得越来越重要。只有良好的散热设计，才能将电脑产生的热量及时排走，否则将会引起死机、蓝屏、电脑的寿命缩短等问题。良好的机箱设计要实现通风流畅、散热良好。一般前面板会有足够多的通风孔，前后均留有机箱风扇的安装位置。而劣质机箱的散热设计很差，机箱里面空间狭小，没有通风孔，甚至连机箱风扇的安装位置也没有预留，这样会导致热量不能通过各种散热器快速排出，从而产生一系列问题。

▶ 2.7.4　机箱的选购技巧

在选购机箱时，要根据整体需求，尤其是主板来进行挑选。如硬件较多，且考虑到以后的扩展，需要ATX主板时，那么机箱也要选择ATX机箱。在材质方面，选用做工扎实和用料比较好的机箱。随着DIY配件越来越讲究"颜值"，机箱板材逐渐透明化，先是一些带有机玻璃侧板的产品盛行，之后逐渐过渡到由整张钢化玻璃制成的全侧透机箱，最近还出现了不限于侧板、整个机箱外部板材全部使用钢化玻璃、只用钢管作为骨架的可视化机箱。

很多高端显卡体积非常大，需要考虑机箱是否支持安装大型显卡。如果需要分体式或一体式水冷，需要查看机箱的参数，是否支持安装水冷设备，尤其是水冷风扇。另外，为了机箱内部整洁，现在的机箱基本上都支持背板走线，需要考虑背板走线的空间是否足够，线缆是否过多，是否会影响走线的美观等问题。

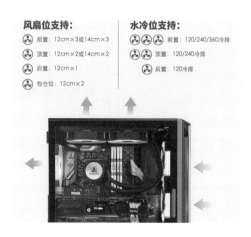

\\ 专题拓展 //

硬件检测软件

　　硬件检测软件可以快速了解电脑各硬加的参数信息，还可以检测硬件的使用情况、性能和稳定性等。比较常见的电脑检测软件如下。

　　CPU检测可以用CPU-Z，该软件还可以查看主板、内存、SPD、显卡的参数以及测试CPU。

 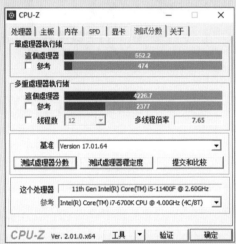

　　显卡的检测可以用GPU-Z，其还可以对显卡的状态进行监测。

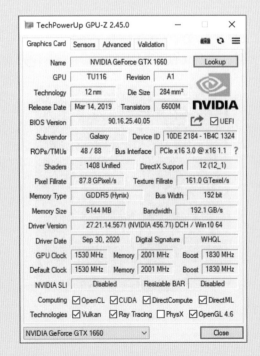 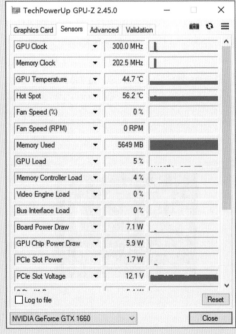

检测硬盘的软件很多，查看硬盘信息可以使用CrystalDiskInfo；检测坏道，可以用HD Tune，如下左图所示；要对固态硬件进行测速，可以使用AS SSD Benchmark，如下右图所示。

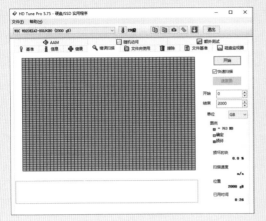

以上软件都是针对某个硬件显示相关的信息，如果要查看完整的电脑软硬件信息，可以使用AIDA64，该软件可以全面展示电脑的软硬件信息。

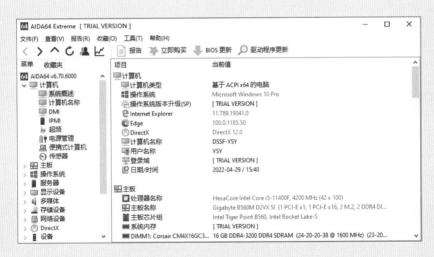

另外，常用的检测软件还有内存检测使用的MemTest，电脑温度监测使用的tempmon，电脑状态监测使用的MSI Afterburner。还有一些软件，如360、腾讯QQ的小工具中，也有电脑硬件监测的功能。

玩转电脑，
而不被电脑玩

第 **3** 章

电脑的外部组件

本章重点难点

认识显示器	认识鼠标
认识键盘	认识音箱、耳麦及麦克风
认识打印机	认识扫描仪
认识摄像头	

电脑的性能和档次取决于电脑的内部组件，但没有外部组件是无法操作电脑的。在日常操作和使用电脑时，直接接触最多的是外部组件，外部组件的性能和质量直接影响用户的使用体验。本章就向读者介绍电脑的外部组件。

首先，在学习本章内容前，
先来几个问题热热身。

热身问题

用户与电脑外部组件的接触最多，外部组件直接影响用户的使用体验。

初级： 打印机可以分为哪几种？

中级： 显示器主要有哪些接口？

高级： 都是1080p，为什么液晶电视的显示会出现模糊的感觉，而电脑液晶显示器没有呢？

参考答案

初级： 打印机分为针式打印机、喷墨打印机和激光打印机。

中级： 电脑显示器的主要接口包括HDMI接口、DP接口、DVI接口和VGA接口。电视上还有AV接口、色差分量接口、S端子、天线接口等。

高级： 因为同样是1080p的分辨率，电脑液晶显示器的像素点比较小，像素之间的点距非常小，所以显示的内容就特别细腻。而液晶电视的像素点以及之间的点距就比较大了。就如同手机要比电脑液晶显示器显示得还要细腻，常说的视网膜屏，屏幕已经看不出像素点了。那么为什么液显电视不做成手机屏幕那么密的点呢？因为成本非常高，而且人们看电视时也不会离电视那么近，所以没有必要。

下面我们从显示器开始，详细了解一下电脑外部组件的相关知识。

▶ 3.1 认识液晶显示器

液晶显示器在接收到显卡传输的视频信号后，对液晶面板进行调节，就可以将画面显示给用户了。现在的显示器种类很多，包括液晶电视、投影仪、LED屏幕等都属于显示器的范畴，而人们日常接触最多的就是液晶显示器了。接下来介绍液晶显示器的相关知识。

▶ 3.1.1 液晶显示器的组成

常见的液晶显示器从外观看是由显示器外壳、液晶屏幕、功能按钮、显示器接口和支撑架组成。

液晶显示器的内部由驱动板（主控板）、电源板、高压板（有些与电源板设计在一起）、接口以及液晶面板组成。

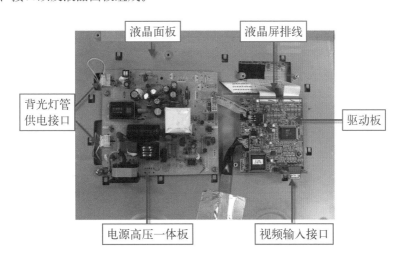

其中，驱动板主要负责接收、处理从外部送进来的模拟信号或数字信号，并通过液晶屏排线送出驱动信号，控制液晶面板工作。电源板主要负责将90~240V交流

电转变为12V、5V、3V等直流电，为驱动板及液晶面板提供工作电压。高压板负责将电源板的12V直流电压转变为背光灯管启动时所需的1500V左右的高频电压以激发内部气体，然后提供600～800V、9mA左右的电源使背光灯管一直发光工作。液晶面板是液晶显示器的核心组件，主要由玻璃基板、液晶材料、导光板、驱动电路、背光灯管组成。背光灯管产生用于显示颜色的白色光源。

▶ 3.1.2 液晶显示器的显示原理

液晶是一种物态介于固体和液体之间的特殊物质。它是一种有机化合物，常态下呈液态，但是它的分子排列却和固体晶体一样非常规则，因此取名液晶。如果给液晶施加一个电场，会改变它的分子排列，这时如果给它配合上偏振光片，它就具有阻止光线通过的作用（在不施加电场时，光线可以顺利透过），如果再配合上彩色滤光片，改变加给液晶的电压的大小，就能改变某一颜色的透光度。可以形象地说，改变液晶两端的电压就能改变它的透光度。

▶ 3.1.3 液晶显示器的主要参数和选购技巧

在挑选液晶显示器的时候，需要注意一些关键的技术指标。

4K显示器指的是横向有4000个左右像素点，包括3840×2160像素和4096×2160像素两种规格。2K显示器的分辨率一般为2560×1440像素。

什么是4K显示器？

（1）分辨率

分辨率指的是显示器支持的最高的显示比例，比如常见的1080p，分辨率为1920像素×1080像素，代表横向有1920个像素点，纵向有1080个像素点。当显卡的显示输出和显示器支持的分辨率一致的话，显示效果是最好，也是最清楚的。现在显示器的最大分辨率也基本上是其最佳分辨率。如果显卡设置的显示输出超过或低于显示器的最佳分辨率，显示出的画面的效果就会变差。显示器的分辨率可以在操作系统的"设置"中设置。

（2）屏幕的尺寸与比例

屏幕尺寸指的是显示器屏幕对角线的尺寸，单位为英寸（in）。显示器屏幕的大小其实是由对角线尺寸和屏幕的比例共同决定的。

常见的电脑屏幕尺寸有19in、21in、24in、27in、32in等。一般来说，1080p分辨率推荐24in、2K分辨率推荐27in、4K分辨率推荐27in或32in。

屏幕比例指屏幕长度和宽度的比例，又名横纵比或者长宽比。常见的屏幕比例有4∶3、16∶9、16∶10等。现在很多用户在选择显示器时选择超宽屏显示器（也叫带鱼屏），可以达到21∶9甚至32∶9的屏幕比例。其在一些特定的游戏中，可以显示更多的画面内容，使用户获得更好的沉浸式体验，在办公中，也可以在同一屏显示更多的内容，提高了用户的办公效率。

（3）点距

点距是指屏幕上相邻两个同色像素单元之间的距离，即两个红色（或绿色、蓝色）像素单元之间的距离。点距影响画面的精细程度。一般来说，点距越小，画面越精细，但字符也越细小；反之，点距越大，字符也越大，轮廓分明，越容易看清，但画面会显得粗糙。有些用户使用笔记本连接电视，会发现文字不如电脑显示器显示得清楚，就是因为虽然分辨率达到了，但是电视的点距大于电脑显示器的点距，所以显示得不细腻。如果要把电视做成电脑显示器那样精细的话，成本会特别高。很多情况下，点距控制在一定范围内显示效果才让人感觉舒适。

（4）刷新率

刷新率包括显卡刷新率和屏幕刷新率。显卡刷新率就是显卡输出显示信号时刷新的速度，单位是赫兹（Hz）。75Hz就是每秒钟显卡向显示器输出75次信号。屏幕刷新率是屏幕每秒钟能显示的刷新次数，单位是赫兹（Hz），取决于显示器。如在游戏中显卡每秒钟能够输出超过100帧的画面，但是由于显示器屏幕刷新率只有60Hz，只能"抓取"其中的60帧进行显示，最终所看到的画面也是60帧，这样就产生了掉帧问题。屏幕刷新率越高，每秒钟就能看到越多的画面。

这种显示器也叫电竞显示器，在第一人称射击游戏中，可以显示更多内容，更加流畅。

高刷新率的显示器如144Hz、162Hz、240Hz等，有什么优点？

（5）亮度与对比度

亮度是指画面的明亮程度，单位是堪德拉每平方米（cd/m^2）或称nits。目前提高亮度的方法有两种，一种是提高面板的透过率，另一种是增加背景灯光的亮度，即增加背光灯管数量。亮度过高会使人观看不适，影响色阶和灰阶的表现。好的显示器的亮度会非常均匀。

对比度是最大亮度值（全白）与最小亮度值（全黑）的比值。对比度越高，颜色的层次越丰富。随着技术的不断发展，如华硕、三星、LG等一线品牌显示器的对比度普遍都在800∶1以上，部分高端产品则能够达到1000∶1甚至更高。

（6）响应时间

响应时间是液晶显示器对输入信号的反应时间，也就是液晶由暗转亮或由亮转暗的反应时间，通常是以毫秒（ms）为单位。此值当然是越小越好。如果响应时间太长，就有可能使液晶显示器在显示动态图像时给人拖影的感觉。一般的液晶显示器的响应时间在1～5ms之间。

（7）可视角度

可视角度指显示器的最佳显示范围。在超过一定角度观看液晶显示器画面时（例如从一个非常斜的角度观看一个全白的画面），用户可能会看到黑色或色彩失真。大多数主流液晶显示器的可视角度已经可以做到178°了。

（8）显示颜色

比较常见的色域标准是NTSC、sRGB、Adobe RGB。每个标准所定义的色域表现为xyz色度图上的三角形。这些三角形显示了峰值RGB坐标，并用直线将它们连接起来，产品兼容的色域的三角形越大，在屏幕上还原的色彩范围就越大，达到92%NTSC色域的显示器才能称为专业级广色域显示器。

（9）HDR

HDR（high dynamic range）即高动态范围成像。与普通的图像处理相比，HDR可以提供更多的动态表现和图像细节，根据不同的曝光时间相对应的最佳细节来合成最终图像，能够更好地反映出真实环境中物体所自有的视觉效果，因此图像更加接近人眼可见的真实画面，能做到画面亮部不过曝，暗部细节清晰可见。

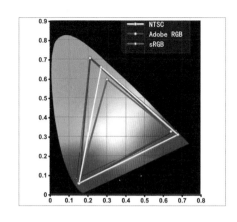 

（10）面板类型

TN面板价格低廉，主要用于入门级液晶显示器。TN面板的特点是液晶偏转速度快，响应速度快。不过它在色彩的表现上不如IPS和VA面板。

VA面板属于广视角面板。和TN面板相比，8bit的面板可以提供16.7M种色彩和大可视角度，但是价格也相对TN面板要昂贵一些。VA面板的正面（正视）对比度最高，但是屏幕的均匀度不够好，往往会发生颜色漂移。锐利的文本显示是它的杀手锏，其黑白对比度相当高，亮度更加柔和。

IPS面板的优势是可视角度广、响应速度快、拖影不明显、色彩还原准确。现在很多主流的液晶显示器使用的都是IPS面板。IPS面板更适合高速运动的游戏画面的显示。

PPI, pixels per inch也叫像素密度单位，表示的是每英寸所拥有的像素数量。PPI数值越大，即代表显示屏能够以越大的像素密度显示图像。显示的像素密度越大，拟真度就越高

PPI是什么参数？

（11）曲面显示器

曲面显示器是指面板带有弧度的显示器，其提升了用户在视觉体验上的宽阔感。曲面显示器给人带来的视野更广，因为微微向用户弯曲的屏幕边缘能够更贴近用户，与屏幕中央位置实现基本相同的观看角度，使人体验到更好的观看效果。曲面显示器一个极为重要的参数就是曲率，指的是屏幕的弯曲程度。对于显示器来说，曲率越小，弯曲的弧度越明显，制作的工艺难度也更大，但并不意味着曲率越小视觉效果越好。

（12）显示器的接口

常见的显示器接口有VGA接口、DVI接口、HDMI接口和DP接口。VGA接口已经被淘汰，DVI接口由于体积的关系正在被淘汰。

主流的液晶显示器接口是HDMI接口与DP接口，大部分主流显卡也只有这两种接口。如果用户要使用其他接口的显示器，需要添加转接设备。

HDMI（high definition multimedia interface，高清晰度多媒体接口）只需要一条HDMI线便可以同时传送影音信号，可以提供高达5Gbit/s的数据传输速率，可以传送无压缩的音频信号及高分辨率视频信号。同时，无需在信号传送前进行数/模或者模/数转换，可以保证最高质量的影音信号的传送。DP（DisplayPort）接口与HDMI接口相比，支持更高的分辨率和刷新率。它能够支持单通道、单向、四线路连接，数据传输速率10.8Gbit/s，足以传送未经压缩的视频和音频信号，同时还支持1Mbit/s的双向辅助通道，供控制设备之用，此外还支持8bit和10bit色彩。

（13）其他功能

现在很多显示器还提供了USB接口（需用数据总线连接后扩展）、音频功能、麦克风功能，以方便用户连接设备。另外，很多厂商也推出了便携式显示器，目前用户群体较小，主要用于商务、移动办公以及部分游戏场景，可以通过Type-C接口直连手机，再通过键盘、鼠标将手机变成电脑主机。

▶ 3.2 认识鼠标

　　鼠标是电脑的重要输入设备，用来控制电脑的运行及操作应用软件，因为外观像老鼠而得名。

　　早期的鼠标使用滚轮来控制指针的移动，由于控制精度和易老化的问题，已经被淘汰了，现在主流的是光电鼠标。一般来说，常见的光电鼠标内部有一个发光二极管，用来照亮鼠标底部，而反射回来的光线通过透镜，传输到光感应器件内成像。当光电鼠标移动时，其移动轨迹便会被记录为一组连贯图像，被光电鼠标内部的一块专用图像分析芯片（DSP，即数字微处理器）分析处理。该芯片通过对这些图像上特征点位置变化的分析来判断鼠标的移动方向和移动距离，完成光标的定位。

▶ 3.2.1 鼠标的分类

　　鼠标按照成像原理可以分为光电鼠标、激光鼠标、蓝光鼠标、蓝影鼠标等。其中，激光鼠标的成本最高，分辨率也最高，但对照射面要求也很高。

　　鼠标按照传输介质可以分为有线鼠标和无线鼠标；有线鼠标根据接口可以分为USB接口鼠标和PS2接口鼠标；而无线鼠标又分为蓝牙鼠标以及2.4G和5G频段的无线鼠标。

蓝牙鼠标依靠蓝牙传输数据，如果设备本身支持蓝牙功能（一般笔记本都自带，台式机也可以安装蓝牙模块），配对后就可以直接使用而不需要接收器，更加方便自由。

蓝牙鼠标是什么，有什么优势？

鼠标的接口

PS2接口是6pin并带有防呆设计的接口。PS2接口鼠标已经不常见了，但主板上通常会有一个鼠标和键盘都可以使用的PS2接口。非蓝牙无线鼠标需要鼠标和接收器配对才能使用。

3.2.2 鼠标的主要参数和选购技巧

了解鼠标的一些参数和硬件指标可以帮助用户选购到合适的鼠标。

（1）鼠标的分辨率

DPI（dots per inch每英寸的像素点数）是鼠标移动的静态指标，是指鼠标内的解码装置所能辨认的每英寸长度内的像素数。每一英寸长度采集的像素点越多，鼠标定位越精准。

（2）鼠标的采样率

CPI（count per inch，每英寸的测量次数）用来表示光电鼠标在物理表面上每移动1in（约2.54cm）时，传感器所能接收到的坐标数量。移动1in采集的像素点越多，就代表鼠标的移动速度越快。CPI是鼠标移动的动态指标。

比如在桌面上移动1个单位，低CPI的鼠标可能在屏幕上移动了5单位，但高CPI的鼠标则移动了10个单位，其更适合在高分辨率的屏幕上使用

CPI对操作有哪些影响？

有些鼠标可以通过滚轮附近的DPI调节按钮来切换3种DPI模式，以方便其在不同的场景中使用。有些鼠标在按钮上标明的是DPI，如下左图所示，其实应该是CPI，因为DPI是反应静态的指标，而CPI反应的是鼠标的动态采样率。

（3）鼠标的大小和重量

鼠标按照长度可以分为大鼠标（大于等于120mm）、普通鼠标（100～120mm）、小鼠标（小于等于100mm）。用户需要根据手掌的大小和使用习惯选择。

鼠标并不是越轻越好，有一定重量的鼠标使用起来才会有"手感"，所以有些鼠标内置了配重模块，用来增加鼠标的重量以提升手感和舒适度，如下右图所示。

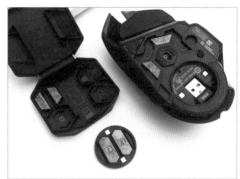

（4）多功能鼠标

如鼠标上有多个功能按钮，通过相应的软件可以定义这些按钮的功能。有些鼠标支持有线和无线双模式，连接线缆后，鼠标可以充电并作为有线鼠标使用，拔下线缆后，可以变成无线鼠标。

知识拓展　　鼠标微动

鼠标按键可以按下并反弹回来，该零件是微动开关，是易损件。鼠标用了一段时间后，会产生单击变双击、无故失灵等情况，就是微动开关坏了。动手能力强的用户可以购买微动开关进行更换。

▶ 3.3 认识键盘

除了鼠标外，键盘也是主要的输入设备，键盘的主要功能包括向电脑发送控制指令、输入文字等。键盘会及时发现被按下的按键，并将该按键的信息送入电脑中。键盘中有专门用于检测按键信息的扫描电路、产生被按下按键代码的编码电路和将产生的代码送入电脑的接口电路，这些电路统称为键盘控制电路。

▶ 3.3.1 键盘的分类

现在市场上的键盘主要有有线键盘和无线键盘两种。键盘从结构上可以分为薄膜键盘和机械键盘，下面介绍下这两种键盘的特点。

（1）薄膜键盘

薄膜键盘是常见的一种键盘，键盘上面为键帽，下面是弹力机构，再下面是橡胶薄膜。在橡胶薄膜下面，是重叠在一起的三层塑料薄膜，上下两层覆盖着薄膜导线，在每个按键的位置上有两个触点，中间一层塑料薄膜则是不含任何导线的（绝缘），将上下两层导电薄膜分隔开来，而在按键触点的位置上则开有圆孔。在正常情况下，上下两层导电薄膜被中间层分隔开来，不会导通。但在上层薄膜受压以后，就会在相应开孔的部位与下层薄膜连通，从而产生一个按键信号。

按照结构的不同，薄膜键盘还分为火山口结构、剪刀脚结构以及宫柱结构。

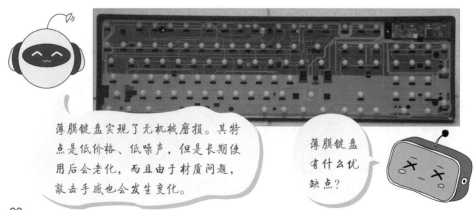

薄膜键盘实现了无机械磨损。其特点是低价格、低噪声，但是长期使用后会老化，而且由于材质问题，敲击手感也会发生变化。

薄膜键盘有什么优缺点？

（2）机械键盘

机械键盘的每一个按键都由一个单独的微动开关来控制，这个开关也叫做"轴"。机械键盘的轴可分为茶轴、青轴、白轴、黑轴以及红轴。由于每一个按键都有一个独立的微动开关，因此按键段落感较强，从而产生适于游戏娱乐的特殊手感，而且可以做到全键盘无冲突。由于机械轴是单独的，可以随时更换，所以好的机械键盘的寿命非常长，可以达到10～20年，当然价格也比薄膜键盘高很多。

▶ 3.3.2　键盘的主要参数和选购技巧

有的鼠标和键盘是成套销售的，所以在挑选时要综合考虑两者的参数。对于有需求的用户来说，也可以单独购买趁手的键盘。下面介绍挑选键盘时需要注意的参数。

（1）接口

和鼠标类似，键盘也有PS2接口和USB接口两种接口，用来连接主板的PS2接口或USB接口。PS2接口现在不太常用，一般紫色的代表键盘接口，绿色的代表鼠标接口，也有两用接口。

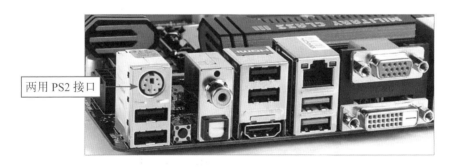

两用PS2接口

（2）键程

键程指按下一个键时其所走的路程。也就是下压按键触发开关时所走的最小路程。如果敲击键盘时感到按键上下起伏比较明显，就说明按键的键程较长。键程长短关系到键盘的体验感：键程较长的键盘会让人感到弹性十足，但敲击比较费劲；键程适中的键盘让人敲击时感到柔软舒服；长时间使用键程较短的键盘会让人感到疲惫。

（3）按键数量

全尺寸键盘一般是108个键。有些小键盘不足108个键，主键区一般与全尺寸键盘相同。尽量选择全尺寸键盘。

（4）按键冲突数量

在挑选机械键盘时，尤其是游戏玩家，需要注意按键的冲突数量，有些是6个键无冲突，高级的机械键盘可以做到全键盘无冲突。

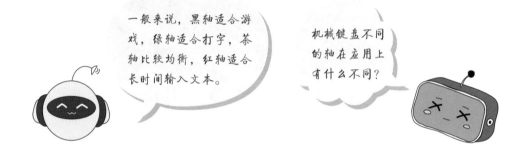

一般来说，黑轴适合游戏，绿轴适合打字，茶轴比较均衡，红轴适合长时间输入文本。

机械键盘不同的轴在应用上有什么不同？

▶ 3.4 认识音箱、耳麦及麦克风

电脑本身没有发声设备，但可以通过主板的音频接口将音频信号输出给外接的扬声器，如音箱。以前音箱是电脑的标配，但现在越来越多的人选择耳麦等沉浸式音频播放设备。麦克风是电脑主要的音频输入设备，样式很多。下面介绍音箱、耳麦和麦克风的相关知识。

▶ 3.4.1 音箱简介

一般电脑常见的音箱是2.1声道，由左右声道加上低音或重低音扬声器组成，连接到电脑的音频接口即可使用。音频接口的尺寸一般为3.5mm，所以也叫做3.5mm立体声接口。

知识拓展　**声道和音箱**

一般而言，2.0声道包括左右两个音箱，2.1声道在2.0声道的基础上增加了一个低音扬声器，5.1声道包括前左环绕、前右环绕、后左环绕、后右环绕、中置5个音箱以及一个低音扬声器。7.1声道在5.1声道的基础上增加了左中环绕、右中环绕两个声道的音箱。X.1的含义就是包含了低音扬声器。

▶ 3.4.2　音箱的连接

在电脑主板的背部接口中有音箱的连接孔。但很多用户分不清这些孔的作用。

一般电脑主板提供6个音频接口，分别用不同颜色表示。

- **绿色接口：** 音频输出接口，一般2.1或2.0的音箱和耳麦连接到该接口即可。如果是5.1或7.1声道的设备，该接口用于连接前左、前右环绕音箱。
- **粉色接口：** 麦克风接口，作为音频输入接口使用，用于连接麦克风。
- **蓝色接口：** 音频输入接口，和其他设备同步音频时使用。
- **黑色接口：** 后置环绕接口，5.1或7.1声道的设备连接后左及后右环绕音箱时使用。
- **橙色接口：** 中置/重低音接口，5.1或7.1声道的设备连接中置音箱及低音扬声器时使用。
- **灰色接口：** 侧边环绕接口，7.1声道的设备连接左中、右中环绕音箱时使用。

可以和机箱前面板的音频接口配合，通过音频控制软件来实现更多的声道输出。

为什么我的主板只有3个音频接口？如果要搭建7.1声道怎么办？

大部分电脑一般只使用2.1声道，在设备插入电脑音频接口后，操作系统的音频管理器会让用户选择该接口的功能，所以主板上的音频接口可以由用户自定义其功能。

知识拓展

数字音频接口

正常情况电脑输出的音频都是模拟信号，会有失真和干扰，所以很多主板提供了数字音频接口，可以向对端设备传输数字信号，减少干扰和失真，音质也更好。该接口也叫做SPDIF接口，一般分为同轴电缆和光纤两种接口，用户可以根据音箱的接口来选择。

▶ 3.4.3 音箱的主要参数和选购技巧

音箱的主要参数包括以下几个，在选购时需要特别注意。

（1）根据用途选择音箱

正常情况，普通用户选择2.1声道就可以了，音乐发烧友等高级用户可以选择5.1或7.1声道。

（2）功率

功率表征了声音能达到的最大分贝值，需要根据用户的应用范围选择。

（3）连接方式

大部分电脑都使用了3.5mm的音频接口连接有线音箱，但也可以选择更加灵活的蓝牙音箱（电脑需支持蓝牙功能或安装蓝牙模块），或者更高品质的支持数字接入的音箱。

知识拓展　　　　　　　　声卡的选择

一般情况下，可以使用主板自带的声卡芯片与输出接口，但如果要实现更多功能，如直播，或者需要更高品质的音效，可以购买并安装PCI-E独立声卡。也可以选择外置声卡，其更适合直播需要。

▶ 3.4.4　耳麦简介

和音箱类似，耳麦也可以进行声音的播放。和音箱不同的是，耳麦可以使用户更容易沉浸在音乐或游戏的环境中，给用户带来更好的体验，并且不会打扰到其他人。通过耳麦可以在游戏中做到听声辨位，通过耳麦的麦克风还可以随时与他人交流。众多的优势让耳麦被越来越多的人选择，成为了主流的音频设备。

知识拓展   耳麦与耳机

与耳麦有类似功能的还有普通的有线耳机、蓝牙耳机，它们用于不同的场景。

▶ 3.4.5　耳麦的功能参数和选购技巧

耳麦最主要的功能就是播放声音，除了音质的好坏外，在挑选耳麦时还要考虑以下功能和参数。

（1）多声道

很多耳机支持多声道模拟技术，可以虚拟出5.1或7.1声道的环绕声，使游戏玩家更容易在游戏中占得先机。

（2）振动反馈

除了模拟声道外，很多耳麦支持振动功能，和应用软件或游戏配合后，环境模拟更加真实，更容易让人深入其中。

（3）独立声卡耳麦

除了可以使用3.5mm音频接口连接到电脑，有些耳麦还自带声卡功能，可以通过USB接口连接到电脑上。使用耳麦自带的独立音频芯片，可以避免模拟音频接口的失真、干扰等问题。

（4）蓝牙耳麦

蓝牙耳麦跳出了线缆束缚，应用范围更广，除了使用电脑时使用外，还可以连接到手机，充电也非常方便，例如使用Type-C接口的充电器进行充电，而且一般蓝牙耳机的续航能力都非常不错。

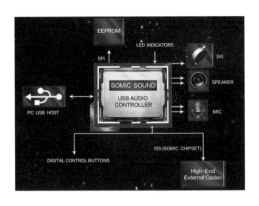

（5）舒适度

耳麦可以使用户有沉浸式体验，但舒适度却不一定好。耳套可以隔音但需要透气。耳麦的重量也要尽量轻巧，特别是运动式的耳麦。自动的无缝贴耳设计可以让佩戴更加舒适便捷。可设计可调节转轴，以适应不同脸型。悬浮式的头梁设计，可以适用于不同大小的头部。亲肤透气材质可以防止人对材质过敏以及对皮肤的伤害等。用户可以到体验店试用，以确定产品的舒适度是否适合自己。

（6）酷炫的造型

很多耳麦支持RGB炫彩设计，支持各种LED灯和呼吸灯，这可以增加耳麦的酷炫感。或霸气或可爱的造型使用户在外佩带时能成为人群中的焦点。

（7）耳麦的控制

有的耳麦提供了多功能线控，可以打开关闭振动和麦克风，调节音量，控制LED灯，切换游戏模式等，根据耳麦的功能线控有所不同。有需要的用户可以选择带有线控的耳麦。

对，有些USB接口也会做到免驱，即插即用，更方便用户使用。

有些耳麦自带增益、超宽带降噪、回声消除等功能。

▶ 3.4.6 麦克风简介

麦克风是电脑主要的音频输入设备，此外还有音频线路输入，但很少用。麦克风将声音收集并传输给电脑，经过主板的音频处理转换为数字信号后，就可以被电脑记录，并可以播放。麦克风的主要作用就是语音交互。直播也需要麦克风，尤其是一些专业级的无线麦克风，更受主播们的追捧。

▶ 3.4.7 麦克风的主要参数和选购技巧

因为麦克风录制的音频的效果的好坏和很多因素都有关系，所以麦克风要实际使用才能了解效果。需要关注的麦克风的参数如下。

（1）收音指向性

麦克风（包括拾音器等）的收音指向性是对话筒对来自空间各个方向声音灵敏度的描述。比如全向，指的是话筒拾取的声音是全方位的，比较适合会议、演讲等场景的声音收集。另外，还有双指向，拾取两侧的声音；心形指向，适合收集话筒前方区域的声音，两侧范围较小，适合唱歌和直播场景；超心型指向，就是话筒前方收集的范围更深；枪型指向，极限追求单一方向声音的拾取，主要用于户外收音。

（2）连接方式

普通的3.5mm麦克风插头可以连接到主板的粉色接口上，用来向电脑传输音频。如果是USB接口、自带音频芯片的麦克风，可以连接到电脑的USB接口上，安装好驱动后就可以使用。蓝牙连接的麦克风使用范围较广，除了电脑外，还可以连接到手机以及带有蓝牙功能的其他设备上。

（3）增益与降噪

有些麦克风带有增益与降噪功能，可以使用麦克风上的功能按钮打开或关闭。增益可以增大麦克风的录制声音，但可能会产生噪声过大或啸叫问题，可以在实际使用时进行调整。除了话筒外，电脑中的音频管理软件也带有噪声抑制和回声消除的功能，开启后可以提高录制声音的质量。

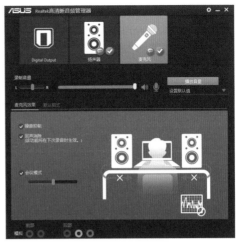

（4）其他常见功能

有些话筒除了收音外，还带有蓝牙音箱的外放功能。有些话筒支持耳返，可以通过耳机连接到话筒上，收听录制的音效。需要这些功能的用户可以选购对应的设备。另外，使用无线麦克风的用户还需要考虑待机电量的问题。

▶ 3.5 认识打印机

打印机是电脑主要的输出设备之一，主要作用是将电脑中的文档、照片等打印输出到纸质介质上。下面介绍打印机的相关知识。

▶ 3.5.1 打印机的分类

根据打印的原理，通常将打印机分为以下三类。

（1）针式打印机

针式打印机，如下左图所示，主要用于票据的打印，打印成本低，易用性也非常高，但是打印质量不高，工作噪声大。它无法适应高质量、高速度的商务打印。现今，除了打印票据外，针式打印机很少出现在其他应用场景中。

（2）喷墨打印机

喷墨打印机，如下右图所示，分为黑白喷墨打印机和彩色喷墨打印机两种。喷墨打印机因其良好的打印效果与较低的价位占领了广大中低端市场。喷墨打印机的打印介质除了信封、普通的打印纸外，还有照相纸、光盘封面、卷纸、胶片、T恤等特殊介质。

喷墨打印机本身相对比较便宜，但打印耗材——墨水较贵，所以在遇到大规模打印的情况时，一般都会改成外供墨水的方式或采用特制的可加墨墨盒

喷墨打印机有何优缺点？

（3）激光打印机

激光打印机分为黑白激光打印机和彩色激光打印机。办公场所常见的多功能一体机就是激光打印机，一般是黑白激光打印机，该类打印机除了打印功能外，还支持扫描、复印、传真、电话等功能。通过激光的发射及反射让感光鼓感光，当纸张移过感光鼓后，感光鼓上的着色剂就会转移到纸上，形成文字或图案，再通过加热辊使着色剂加热熔化，固定在了纸上。激光打印机打印成本低，耗材主要为墨粉和硒鼓，打印机较贵，但性价比较高。

▶ 3.5.2 打印机的主要参数和选购技巧

了解打印机的参数可以更好地帮助用户选购适合的打印机。

（1）打印幅面

打印幅面就是可以打印多大的尺寸，常用的幅面是A4。设计行业往往会选择可以打印A1、A2、A3等尺寸的打印机，家庭用户需要可打印A4、A5或者照片纸等尺寸的打印机。要根据需求并参考打印机的打印幅面来选择。

（2）打印速度

家庭和小型单位对打印速度一般没有要求。大型单位需要大规模打印，一般1～2s打印一张比较正常。

（3）打印分辨率

打印分辨率决定了打印机打印时所表现的精细度。纯文本打印的话，600DPI就足够了。如果打印的文档中有图片或图表，建议选择1200DPI，这样打印的效果更清晰，色彩也更加饱满。

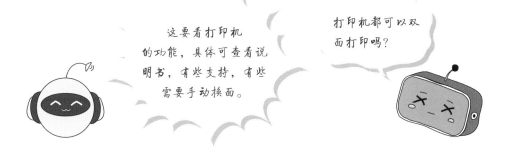

这要看打印机的功能，具体可查看说明书，有些支持，有些需要手动换面。

打印机都可以双面打印吗？

（4）内存容量

打印机在打印时，需要将打印内容加载到内存中，如果文档比较大，小容量的打印机打印速度就非常慢了，这时就需要选择大容量的打印机。正常情况下128MB内存就够用了。

（5）打印耗材

要根据耗材选择合适的打印机。比如家庭打印，可以选择普通的喷墨打印机，但打印量过少的情况下，需要注意喷头堵塞问题，建议一周至少打印一些来预防堵塞。公司可以选择激光打印机，如果需要复印及扫描，可以选择多功能一体机。如果需要大量的彩色打印，建议选择带有连供装置的喷墨打印机，在墨水不足的情况下，添加墨水即可。需要注意的是连供装置根据不同的机型而不同。另外，改为连供后，有可能不能享受正常的质保。不过现在很多打印机有官方认证的连供装置可以选择，并且也可以享受质保。连供装置包括可填充墨盒和外置连供两种，用户可以根据需要选择。

（6）其他功能

有些喷墨打印机还支持无线打印，包括各种网络终端设备，各种App，如支持微信打印等。有的打印机支持身份证打印，手动扫描两面后，自动打印到一页上。有的打印机支持放大、缩小打印。针对快递行业，还有专门的快递标签打印机。

3.6 认识扫描仪

打印机的作用是将电子文档打印在介质材料上，而扫描仪是将介质材料上的内容扫描到电脑中。下面介绍扫描仪的相关知识。

3.6.1 扫描仪简介

扫描仪也是电脑的输入设备，其将介质材料上的内容扫描成图像，存储到电脑中。扫描形成的图像，通过专业的软件识别和转换后，还可以进行编辑。前面介绍的多功能一体机本身就带有扫描仪的功能。

扫描仪工作时发出的强光照射在稿件上，没有被吸收的光线将被反射到光学感应器上。光学感应器接收到这些信号后，将其转换成计算机能读取的图像，就可以存储使用了。

扫描仪为什么能扫描啊？

▶ 3.6.2 　扫描仪的分类

扫描仪经过多次更新换代，从传统的平面扫描仪，发展到了高拍仪，广泛应用于各种场景。

（1）平面扫描仪

平面扫描仪是传统的扫描仪，将文件放置在扫描仪的玻璃或亚克力平板上，启动扫描即可完成工作。

（2）高拍仪

高拍仪广泛应用于图书馆、银行、行政单位，其特点是方便，使用简单，功能强大，采用镜头拍摄而不是逐行扫描。将文件放置在扫描台上，就可以拍摄了。

（3）条码扫描仪

条码扫描仪专用于扫描各种条码、二维码，可以将扫描结果快速传输到电脑中，通过软件完成收付款、登记、验证等工作。

（4）三维扫描仪

三维扫描仪可以扫描立体物体，快速获取其三维信息，用于快速创建三维模型。

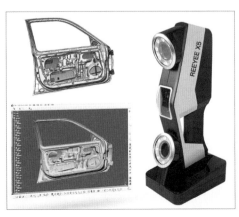

▶ 3.6.3　扫描仪的主要参数和选购技巧

选购扫描仪需要考虑以下参数。

（1）分辨率

扫描仪最主要的参数就是分辨率，也就是常说的DPI，从800DPI到1600DPI的产品都有。不同场合所需要的分辨率也不同。扫描仪的分辨率分为光学分辨率和最大分辨率。光学分辨率指的是扫描仪硬件所能达到的分辨率。最大分辨率指的就是插值分辨率。光学分辨率越高，所能采集的图像信息量越大，扫描输出的图像中包含的细节也越多。

为什么扫描仪标称的分辨率那么高，扫描出来的图像却不清晰呢？

最大分辨率能使扫描图像的分辨率提高，但不能实际增加图像中的信息量，反而会使图像看起来模糊。所以要重点关注的是扫描仪的光学分辨率

（2）扫描幅面

扫描幅面指扫描仪可以扫描的最大尺寸，一般是A4幅面。如果用户有扫描更大幅面的需求，需要选购对应幅面的扫描仪。

（3）OCR文字识别

扫描仪自带的工具软件通常都会有识别功能，就是将扫描得到的文字图片识别成电脑可以编辑的文字。用户也可以通过专业的第三方软件进行识别。

（4）自动纠偏

有些扫描仪可以自动修图，智能去除底色、黑边等扫描固有的缺陷。

（5）其他功能

有些扫描仪还可以作为实时投影用于各种场景。有些扫描仪还支持自动连拍并输出为PDF文档，这对于文件和图书的数字化归档来说，非常方便。

▶ 3.7 认识摄像头

摄像头是电脑采集视频信号的设备，在视频会议、认证、网课等场景中经常使用。

▶ 3.7.1 摄像头简介

和手机摄像头类似，电脑使用的摄像头也是由摄像头内的感光组件及控制组件对视频图像进行采集和处理并转换成电脑所能识别的数字信号，然后由并行端口、通用串行接口输入到电脑中存储，再由软件进行视频的还原。

▶ 3.7.2 摄像头的类型

摄像头根据不同的用途分成以下几类。

（1）电脑高清摄像头

其用来连接电脑，为各种应用程序提供图像采集服务，通常用在视频会议、远程面试、远程认证等场景中。

（2）家用高清摄像头

其常被用来作为家庭安防的主要设备，用于采集家中关键位置的图像，如果发现异常，能根据配置的处理方案向主人警示。其一般配备有专门的TF卡用来存储视频资料，也可以通过App随时查看摄像头实时画面或存储的内容。

（3）监控摄像机

专业的监控摄像头分为室内和室外两部分，室外探头一般具有防水功能，如果是云台，还支持360°旋转拍摄。一般重要地点使用的监控摄像头使用硬盘来管理和保存视频，可以使用磁盘阵列来确保数据的安全。

▶ 3.7.3　摄像头的主要参数和选购技巧

由于安全的需要，很多地方都需要安装摄像头，家庭使用摄像头也非常普遍。下面介绍摄像头的参数和选购技巧。

（1）分辨率

摄像头图像的清晰度和分辨率有很大的关系。现在的摄像头基本都是高清摄像头，分辨率都在720p（1280像素×720像素）以上。此外，还有1080p（1920像素×1080像素）的全高清摄像头。

硬件设备所能达到的最大分辨率，比如1080p，需要200万像素的摄像头才能达到。但现在很多商家将插值分辨率当作噱头进行宣传，插值200万像素和硬件200万像素成像质量相差非常大。

摄像头的分辨率是不是越高越好？

知识拓展

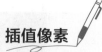

插值像素

插值像素是将感光器件所形成的实际像素，通过摄像头中内置的软件依照一定的运算方式进行计算，产生出新的像素点，并将其插入到本来像素的邻近空隙处，从而实现增加像素总量和增大像素密度目的的技术。软件插值对实际图像的改善不是很大，图像放大后会变得模糊。

（2）信噪比

典型值为46dB；若为50dB，则图像有少量噪声，但图像质量良好；若为60dB，则图像质量优良，不出现噪声。

（3）信号传输

有线连接的摄像头使用线缆传输视频信号。由于网络的普及，现在很多视频信号都是通过网线传输的，也可以通过光纤进行更高质量、更远距离的视频信号传输。家用的无线摄像头通过无线网络进行数据的传输。无线摄像头虽然可以无线传输数据，但电能依然需要线缆提供。

PoE摄像头可以使用PoE交换机供电，通过网线传输电能和视频信号，省去了单独配置电源线路的麻烦。

PoE摄像头有什么优点？

（4）功能设置

现在的摄像头除了使用电脑控制外，也支持使用App进行参数设置、查看视频画面以及控制摄像头的转向。选购时需要了解摄像头操作的便利性。

（5）夜视功能

大部分摄像头除了支持白天的彩色图像采集外，还支持夜晚的红外图像采集，可以实现24h监控。

（6）其他功能

用户可以根据需要选择其他的功能，包括入侵检测（探测到移动的物体后报警），话筒和麦克风功能（可以作为双向对讲机使用），防水防尘，可以通过网络将视频存储到NAS设备或网络云盘中。

其他电脑外设

前面介绍的是电脑的主要外设。因为电脑的扩展性超强，所以外设的种类也非常多。

USB接口不仅提供了5V的电能，还提供了数据接口，所以可连接的外设种类繁多。常见的USB接口外设有U盘、移动硬盘、M.2固态硬盘，还有专门用来绘画的手绘板等。

还有本地网络存储使用的网络NAS设备，用来连接电脑的AR设备。

 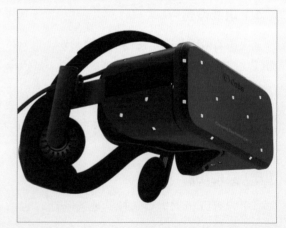

此外，还有投影仪、机顶盒、USB集线器等。

第 4 章

电脑的组装

本章重点难点

电脑组装的准备工作　电脑的组装流程

电脑内部组件的安装　电脑外部组件的连接

在了解了电脑的内部组件、外部组件后，就可以配置及选购电脑
硬件了。在实体店购买的硬件，服务人员会免费帮用户安装。在
网上购买的硬件，需要用户自己手动进行安装。为了应对电脑出
现问题，用户也需要懂一点电脑硬件的拆卸和安装。本章将向读
者介绍电脑的组装流程和注意事项。

首先，在学习本章内容前，
先来几个问题热热身。

热身问题

电脑的组装遵循的原则是胆大心细、熟能生巧。多看多动手才是王道。

初级： CPU安装完毕后是不是直接安装散热器？

中级： 电脑机箱上需要连接哪些跳线？

高级： 简述电脑的安装流程。

参考答案

初级： 不是，需要在CPU上涂抹一层导热硅脂，再安装散热器以加强散热。

中级： 主要包括前面板的音频跳线、USB跳线、按钮和指示灯的跳线。

高级： 安装CPU，安装内存，安装电源，安装主板，安装显卡，安装硬盘，连接各种跳线。

电脑组装的顺序是由内而外，并需要在安装前做一些准备工作。

▶ 4.1 组装电脑的准备

在组装电脑前需要做一些基本的准备工作。

▶ 4.1.1 工具的准备

由于模块化的设计，电脑的组装也变得非常简单，对于熟练的用户来说，电脑组装的主要工具是十字螺丝刀。但灵活使用其他工具可以让组装过程更加快捷。

（1）螺丝刀

十字螺丝刀是组装电脑必不可少的工具。很多硬件/零件都是使用十字螺丝进行固定的，所以螺丝刀主要用于各种硬件的螺丝的安装和拆卸。因为电脑机箱的空间和硬件的大小影响螺丝刀的工作空间，所以建议准备长短各一把以方便拆装。

知识拓展　　　**螺丝刀加磁**

如果螺丝刀带有磁性，可以很方便地粘附螺丝，方便操作。可以使用螺丝刀加磁器方便地给螺丝刀上磁及消磁，"＋"孔洞可以上磁，"－"孔洞可以消磁，只要螺丝刀金属部分进出一下孔洞即可，非常方便。

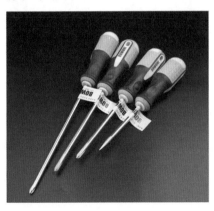

（2）尖嘴钳

尖嘴钳的作用是拆卸机箱各种金属挡板，比较安全。不过现在很多机箱采用了可拆卸设计，不需要螺丝固定，装拆都非常方便。

（3）镊子

在一些狭小的机箱中安装或拆卸硬件时使用镊子。

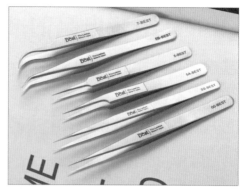

（4）照明设备

小型手电用于在机箱中照明。环境光线不足时，会对拆卸和安装硬件带来不便，使用小型手电很轻松地解决了这个问题。如果不方便手持，还可以选用头戴式的照明灯。

（5）导热硅脂

因为CPU外壳和散热器之间不可能完全贴合，会留有一定的缝隙，会影响散热效果，所以使用导热硅脂作为中间导热介质填补在两者间进行热量的传递，以增强散热效果。新的CPU一般自带导热硅脂。但清理、维修等需要拆卸CPU或CPU散热器时，在安装前，均需清理并重新涂抹导热硅脂，所以用户需要准备好导热硅脂。导热硅脂一般都会标明导热系数，选购时可以参考。

知识拓展　　**导热硅脂的种类**

包括纯白导热硅脂（不推荐）、陶瓷导热硅脂（不推荐）、含银导热硅脂（大部分用户使用）、含金导热硅脂（太贵且需要辨别）、金刚石导热硅脂（太贵）、液态金属（导热效果好，但导电，操作难度大，比较危险）。

（6）收纳盒

用于拆装电脑时分类放置各种螺丝以方便取用，也防止零件的丢失，常见于笔记本的拆卸。如果有条件的话，可以准备一些电脑常用的螺丝以备不时之需。

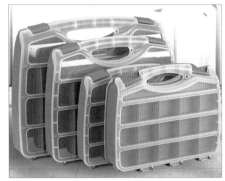

（7）防静电手套及指套

针对不同的场景，可以使用防静电手套或指套，以避免静电对电脑硬件造成损伤。

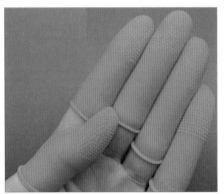

（8）防静电海绵

有条件的话，还可以准备一块防静电海绵，用来放置主板，因为组装的前几步需要在主板上进行。

▶ 4.1.2 硬件/零件准备

在组装前，需要将所需的所有硬件/零件放置在工作台上，分类放置好，但不需要全部拆除包装，用到时再拆，这样可以保护硬件/零件，防止硬件掉落损坏和零件丢失。在准备硬件时需要做最后一次检查，除了检查硬件是否齐全，是否有损坏，更重要的是检查硬件之间的接口是否匹配，如果发现问题，及时进行退换。检查重点包括：

- 检查CPU和主板是否匹配，接口是否一致。
- 检查内存和主板是否匹配，接口是否一致。
- 检查固态硬盘和主板是否匹配，确认接口及安装位置。
- 检查显卡与显示器是否匹配。
- 检查机箱电源的接口是否足够。
- 检查散热器是否与CPU匹配。
- 检查显卡是否可以完全装入机箱。

维修时，需要准备好工具，而零件和硬件在从电脑上拆解下来后，要归类整理放置。

维修时也要这么准备吗？

　　除此之外，还要检查螺丝是否准备齐全。如电脑使用的是免螺丝的卡扣设计，可以忽略此步骤。电脑的组装需要准备4种螺丝。铜柱螺丝，如下左图所示，安装在机箱上。细纹螺丝，如下右图所示，用于固定主板。

　　小粗纹螺丝，如下左图所示，用于固定硬盘。大粗纹螺丝，如下右图所示，用于固定机箱两侧面板、显卡、机箱小挡板等。

▶ 4.1.3 组装流程准备

电脑的组装流程需要用户在实际动手组装前掌握，具体如下图所示。用户可以根据实际情况更换某些步骤，但总体流程不变。

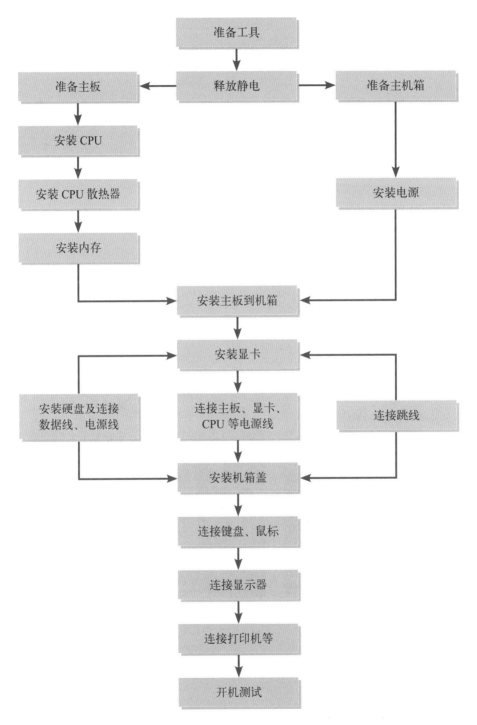

▶4.2 内部组件的安装

准备工作完成后，就可以正式进行电脑的组装了。在组装前，还需要去除用户身上的静电。

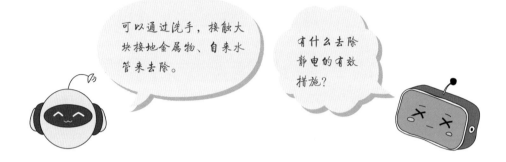

▶4.2.1 安装CPU

因为现在Intel和AMD都将CPU的插针移到了主板上，安装方法也基本相同，所以下面以Intel的CPU为例介绍安装的步骤。

步骤 01 在安装CPU前，将主板平置在平台上，有条件的，将主板放置在防静电海绵上，如下左图所示。

步骤 02 用力下压固定杆，然后向外掰出，使杆离开固定位置，如下右图所示。在CPU固定盖上标有CPU的安装方向，一般在左下角有三角形箭头指示。

步骤 03 将拉杆抬到最高处，并将CPU固定盖也抬到最高处，如下左图所示。

步骤 04 拿出CPU，使CPU的三角箭头对准底座左下角的三角箭头，将CPU放入底座即可，如下右图所示。

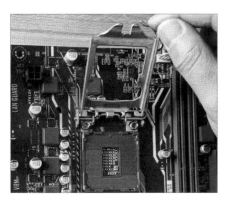

那都是一些主播使用的酷炫手法，不建议这么操作，请在安装CPU前，手动打开盖子。

新主板上都有CPU的那个盖子，是要用CPU顶开吗？

步骤 05 放置完毕后，盖上CPU固定盖，如下左图所示。

步骤 06 将固定杆拉下，用力卡到固定装置上，完成CPU的安装，如下右图所示。

▶ 4.2.2　安装散热器

下面介绍CPU风冷散热器的安装步骤。如果是第一次安装，需要安装散热器的扣具；如果是拆卸，不需要拆卸散热器的扣具，只要拿下风扇即可拿下CPU。

步骤 01 在安装前，需要涂抹导热硅脂，如下左图所示，不需要涂多，只要均匀的薄薄一层即可。也可以将导热硅脂涂在CPU中心，通过散热器底座的挤压自动均匀地覆盖到所有位置。

步骤 02 将扣具的四角对准主板的扣具固定孔轻轻压下即可，如下右图所示。

步骤 03 扣具的四角穿过主板会自动卡住主板，如下左图所示。

步骤 04 将四个固定杆穿过扣具的四角孔洞，听到咔的声音后，说明扣具已经完全卡牢固了，如下右图所示。

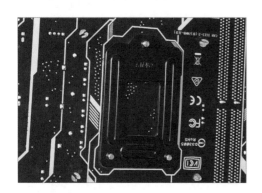

步骤 05 将散热风扇的底座对准并放置在CPU上，如下左图所示。

步骤 06 先固定一侧的卡子，挂上即可，将另一侧的卡子向外向下用力，并固定到底座的卡扣上即可，如下右图所示。固定卡子时需要用力并需要一定技巧，多试几遍即可完成。

步骤 07 固定好后晃动几下，看是否固定牢固。最后将风扇接到CPU风扇电源接口上即可，如下图所示。

▶4.2.3　安装内存

内存的安装和拆卸是电脑组装和维修时非常常见的操作。

步骤01 掰开主板上内存插槽两侧的固定卡扣，拿出内存条，与主板对比防呆缺口的位置，如下左图所示。

步骤02 将内存沿插槽插到槽底，双手按住内存上方两侧，同时用力，如下右图所示，听到"咔"的声音，固定卡扣弹起卡住内存，完成内存的安装。

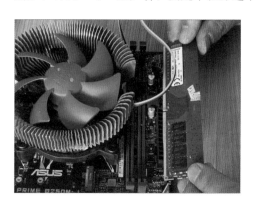

有些主板的内存一头是固定的，安装时先固定该头，另一头下压即可固定。拆卸时，操作相反

为什么我的内存槽只能掰开一边？

▶4.2.4　安装主板

安装主板前，需要对机箱进行一些操作。

步骤01 首先需要安装铜柱螺丝，先观察主板的固定孔位，再将主板放入机箱，查看需要的孔位后，拿出主板，为机箱的固定孔位安装铜柱螺丝，如下左图所示。

步骤02 用尖嘴钳拿下机箱后部的主板孔位挡板，并将主板附带的孔位挡板安装在机箱后部，如下右图所示，不要装反。

步骤 03 将主板放入机箱内，注意对准固定孔位，如下左图所示。

步骤 04 使用螺丝刀将固定螺丝拧入铜柱螺丝孔中，完成主板的固定，如下右图所示。

▶ 4.2.5 安装电源

电源的安装需要注意方向，一般有风扇的一侧对准机箱内部。

步骤 01 将电源放入机箱的电源位置，调整后，对准固定孔位，如下左图所示。

步骤 02 一只手扶稳电源，另一只手用螺丝刀将固定螺丝拧入固定孔位，如下右图所示，电源就安装完毕了。

如果需要背板走线，则将电源线拉到机箱背部，在需要的位置将线缆从孔中拉出接在对应的空位上。主板和电源安装完毕后，可以连接主板的24pin供电接口（如下左图所示）以及CPU的供电接口（如下右图所示）。

▶4.2.6　连接前面板跳线

接下来可以安装显卡，但由于显卡安装后会对连接机箱前面板跳线带来困难，这里先进行机箱跳线的连接，再安装显卡。

步骤 01 将机箱前面板跳线拿出后，找到音频跳线，注意防呆缺口位置，如下左图所示，将音频跳线接到主板左下角的音频接口上，如下右图所示。

在主板上会有接驳提示图，也可以按照前面介绍的规则进行连接。

连接机箱前面板跳线好难啊。

步骤 02 找到USB2.0跳线，注意防呆缺口的位置，如下左图所示，在主板上找到对应的USB接线柱，插入即可，如下右图所示。

步骤 03 找到前面板USB3.0的蓝色跳线，注意防呆设计，如下左图所示，将其插入到主板的对应接口中，如下右图所示。

步骤 04 找到指示灯和按钮跳线，如下左图所示。按钮不分正负极，但指示灯要区分，对应位置的接线柱左侧为正极。按照主板的提示信息将跳线连接到主板接线柱，如下右图所示。接反也不用怕，装回来即可。

▶ 4.2.7 安装显卡

先将显卡放置在插槽上，确定后拆下对应位置的机箱挡板，然后就可以安装显卡了。

步骤 01 将显卡放入机箱中，将显卡金手指对准显卡插槽，双手用力，将显卡固定到插槽中，如下左图所示。

步骤 02 使用螺丝或者固定装置将显卡固定到机箱上，如下右图所示。

在安装显卡时，应该注意观察显卡卡扣设计，在拆的时候，需要将卡扣松开才能拆除，不可硬拔。

显卡在拆除时，经常会拔不下来，这是什么原因啊？

▶ 4.2.8 安装硬盘

硬盘有SATA接口以及M.2接口2种接口。下面介绍SATA接口硬盘的安装。

步骤 01 2.5in的硬盘可以放到支架中，如下左图所示，将其推入到机箱的2.5in固定槽中即可固定，如下右图所示。

步骤 02 3.5in的硬盘可以将其推入到固定插槽中，如下左图所示，然后用螺丝从侧面固定，如下右图所示。

步骤 03 在机箱背部找到SATA数据线并从背后将SATA数据线和SATA电源线分别连接到硬盘的SATA接口上。注意防呆缺口的形状。

步骤 04 接下来将SATA数据线另一端从背板后绕到主板前面，连接到主板的SATA接口上，完成连接。最后整理各种线缆，合上机箱侧盖，就完成了主机内部组件的安装和连接。

▶ 4.3 外部组件的连接

内部组件安装完毕后，电脑主机部分的安装就完成了，下面介绍电脑外部组件的连接。

▶ 4.3.1 键盘与鼠标的连接

如果键盘和鼠标是PS2接口，需要连接到机箱后面主板上的PS2接口上，绿色的是键盘接口，紫色的是鼠标接口，如下左图所示。如果是USB接口，可以直接连接到主板的USB接口上，如下右图所示。

▶ 4.3.2 显示器的连接

根据显示器的接口连接，如HDMI接口，将视频线一端连接到显示器的HDMI接口上，如下左图所示，另一端连接到显卡的HDMI接口上，如下右图所示。

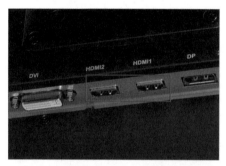

如果使用了独立显卡，记得将视频线连接到显卡的视频接口，而不是主板的视频接口，否则无法显示。

为什么我连接以后显示器不显示啊？

▶ 4.3.3　网线的连接

　　一般主板自带网络接口，连接网线时，一端连接到路由器的LAN口上，如下左图所示，另一端连接到电脑的网线接口上，如下右图所示。

网线一般都由卡扣固定，在卡入到网络接口上时，听到"咔"的脆响，说明连接到位了。

如何判断网线连接到位？

▶ 4.3.4　其他外部组件的连接

　　除了以上几类外部组件，大多数外部组件，如无线网卡、打印机等都连接在USB接口上，注意连接方向插在到USB接口上即可，如下左图所示。音频设备可以连接到前面板的音频接口上，以方便插拔，注意绿色接口连接的是耳机，粉色接口连接的是麦克风，如果没有颜色，也可以根据接口旁的提示图案进行连接，如下右图所示。

▶ 4.3.5　外部电源的连接

　　外部电源要最后连接。连接时，建议将电脑电源的按钮拨至"○"状态，再连接电源线。电源线接头和电脑电源接头都有防呆设计，连接时需要注意。连接后，将电脑电源上的"○"拨至"—"状态，将外部电源接通，就可以开机测试了。

水冷散热器的安装

下面介绍水冷散热器安装的主要步骤。将风扇安装到水冷排上，如下左图所示，再将水冷排安装到机箱上，如下右图所示。

将固定器安装到主板上，如下左图所示，前面用螺丝固定，如下右图所示。

为CPU涂抹导热硅脂，然后将水冷头通过四面的螺丝固定到CPU上，撕下保护膜，如下左图所示。最后连接水冷散热器的风扇及水冷头的电源，有RGB灯的，可以连接在主板的RGB接口，如下右图所示。到这里就完成了一体式水冷散热器的安装。

第 **5** 章

操作系统的安装

本章重点难点

操作系统的下载　　制作系统安装U盘

制作维护U盘　　对硬盘进行分区

Windows 11的安装　　Windows 11的配置

电脑的硬件决定了电脑的档次，而只有硬件电脑是无法使用的，

必须要有软件的配合。电脑软件系统中最重要的就是操作系统。

本章将向读者介绍操作系统的下载和安装。

首先，在学习本章内容前，
先来几个问题热热身。

热身问题

安装操作系统是维修电脑软件故障最实用的方法，必须学习和掌握。

初级： 一般下载的操作系统是什么文件格式？

中级： 操作系统在哪些地方可以下载？

高级： 操作系统有哪些安装方法？

参考答案

初级： 一般下载的原版操作系统都是ISO镜像格式。

中级： 可以从微软官网下载。还可以从第三方平台下载，包括转发官方的原版镜像，以及修改后的GHOST版本的操作系统。

高级： 操作系统安装包括在线升级安装、原版镜像升级安装、原版镜像全新安装、使用部署工具部署、不使用软件安装、GHOST系统快速安装等。

如果是重新安装操作系统，建议一定备份好所有重要的数据。

▶ 5.1 操作系统的下载

首先介绍操作系统的下载，一般分为官方下载和第三方的下载。官方下载比较安全，但速度较慢，也无法看到详细的版本介绍。第三方下载速度较快，但需要用户甄别网站和系统的安全性。

▶ 5.1.1 官网下载原版操作系统

操作系统镜像文件可以从官网下载，比如Windows镜像可以从微软的官网下载。登录官网，选择安装的版本、语言后，就可以单击"64-bit Download"按钮启动下载了，如下左图所示。

可以使用下载工具下载，也可以使用官方的"创建Windows 11安装"工具下载，速度较快。

官方下载速度好慢，有没有好的解决办法啊？

知识拓展

其他工具的作用

在官网下载界面中，有3个主要的工具，除了下载ISO镜像外，用户可以下载"Windows 11安装助手"来使用在线升级和安装。如果没有收到升级提示，也可以使用该工具检查并更新系统。"创建Windows 11安装"工具可以制作Windows 11安装U盘，如下右图所示。

▶ 5.1.2 第三方网站下载原版操作系统

除了从官网下载以外，还可以从一些第三方网站下载原版镜像，非常方便。但这些第三方网站内容质量参差不齐，用户需要仔细斟酌。下载完后，可以进行比对效验。

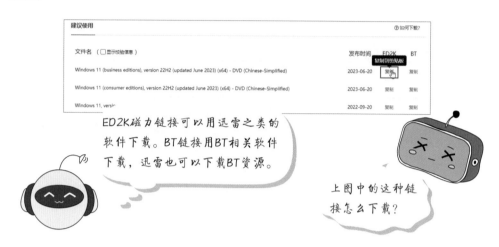

ED2K磁力链接可以用迅雷之类的软件下载。BT链接用BT相关软件下载，迅雷也可以下载BT资源。

上图中的这种链接怎么下载？

▶ 5.2 制作安装介质

操作系统的安装需要介质，在以前使用光盘安装，现在普遍使用U盘来安装操作系统。可以使用官方的制作工具，而使用第三方的PE来制作安装介质则更加灵活。

▶ 5.2.1 使用官方工具制作系统安装U盘

使用官方工具制作安装操作系统的U盘，可以直接使用。下面以Windows 11为例，向读者介绍操作系统安装U盘的制作步骤。

步骤 01 在官网下载界面中下载"创建Windows 11安装"工具，如下左图所示。

步骤 02 下载完后，双击"MediaCreationTool-Win11-23H2"启动该软件，如下右图所示。

步骤 03 启动后，软件会弹出设置向导，选择语言和版本后，单击"下一页"按钮，如下左图所示。

步骤 04 准备8G及以上的U盘，插入电脑后，在向导界面单击"U盘"单选按钮，单击"下一页"按钮，下右图所示。

知识拓展

创建 ISO 镜像

从官网直接下载ISO镜像可能会因为各种原因非常慢。用户也可以使用MediaCreationTool-Win11-23H2来下载镜像。在这里选择"ISO文件"进行下载及创建工作，会非常快。

制作安装U盘会对U盘进行格式化等操作，所以应提前备份好U盘中重要的数据。

制作安装U盘后，U盘中的文件都不见了，是什么原因啊？

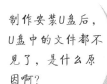 

步骤 05 选择U盘，单击"下一页"按钮，如下左图所示。

步骤 06 接下来会自动下载操作系统文件并刻录到U盘中，如下右图所示。

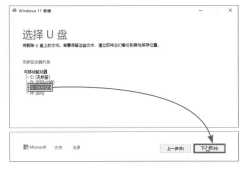 

▶ 5.2.2 使用第三方PE工具制作系统维护U盘

使用第三方的PE制作程序制作的多功能系统维护U盘，可以启动电脑、安装系统、维护系统，相对于官方的只能安装操作系统的U盘而言，功能更多，也更实用。这样的第三方工具有很多，笔者常用的FirPE就是一款非常干净的PE，下面以该PE为例，介绍维护U盘的制作方法。

知识拓展

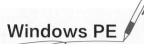

Windows PE

Windows PE是一类特殊的系统，也叫做Windows预安装环境，是Windows自带的，主要用于测试系统。经过第三方的修改，添加了驱动和维护软件，功能也更加强大。但很多PE带有广告，安装操作系统后，也会修改主页等。在选择时，需要仔细甄别。

步骤 01 从网上搜索并下载Fir PE制作程序，插入U盘，关闭安全软件，双击启动该软件，如下左图所示。

步骤 02 软件会自动识别U盘，其他的参数保持默认，单击"全新制作"按钮启动制作程序，如下右图所示。

很多此类软件会被杀毒软件误删除或限制功能，是否使用需要用户自己决定。除了安全软件，需将Windows的实时监控功能也关闭。

为什么要关闭安全软件的实时防护功能？

接下来软件会自动格式化U盘，重新分区，然后开始自动制作。成功后会有提示信息。

一般第一次制作可以使用"全新制作"。如果已经制作好了，但软件有了新版本，可以使用"免格升级"。因为制作好以后U盘会被分区，所以可以使用"还原空间"将U盘恢复成初始状态。维护系统除了安装在U盘上，也可以使用"本地安装"安装到本地硬盘上。"生成ISO"可以将维护系统制作成ISO镜像。

▶ 5.3 硬盘分区

硬盘分区是指将一整块硬盘划分成多个不同的区域，用来存储不同的内容以方便管理。如果固态硬盘容量较小，500GB及以下建议不划分分区，可以保持固态特性，并且避免浪费空间。500GB以上的固态硬盘，建议只划分2个分区。

划分分区除了方便管理外，也方便对系统分区进行备份，以及方便操作系统以另外一种安装方式"部署"。

这是由固态硬盘的存储机制决定的，剩余空间越大，随机存储分配越方便快捷，而分区后，人为限制了硬盘空间的调配和使用。

为什么减少分区可以提高硬盘的性能。

▶ 5.3.1 MBR分区表与GPT分区表

MBR分区表是传统的分区表，一般和BIOS启动相结合。MBR分区表容量有限，只支持4个主分区或3个主分区一个扩展分区，而且不支持大容量的硬盘。GPT分区表和现在流行的UEFI启动模式相对应，优点非常多，所以以下以常见的UEFI+GPT模式为例，向读者介绍。

▶ 5.3.2 使用DiskGenius对硬盘进行分区

如果不使用部署软件安装操作系统，可以在操作系统安装时进行硬盘分区。如果需要提前分配好分区的空间大小，可以使用DiskGenius（以下简称DG）来分区。该软件需要在PE环境中使用，各种第三方PE中也基本上集成了该软件。

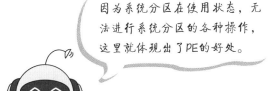

因为系统分区在使用状态，无法进行系统分区的各种操作，这里就体现出了PE的好处。

为什么不能在操作系统中分区？

步骤 01 进入PE，启动DG，如果硬盘未分区，则在硬盘上单击鼠标右键，选择"建立ESP/MSR分区"选项，如下左图所示。

步骤 02 设置ESP分区的大小为"100MB"，取消勾选"建立MSR分区"复选框，单击"确定"按钮，如下右图所示。

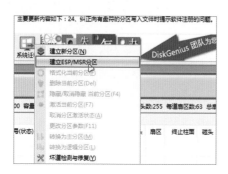

步骤 03 继续在硬盘"空闲"位置上单击鼠标右键，选择"建立新分区"选项，如下图左所示。

步骤 04 因为已经创建了ESP分区，所以单击"确定"按钮，如下右图所示。

步骤 05 设置当前分区的大小，完成后单击"确定"按钮，如下左图所示。如果还需要建立其他分区，可以按照相同的方法创建。

步骤 06 单击左上角的"保存更改"按钮，如下右图所示，执行所有的分区操作。

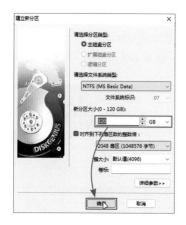

▶ 5.3.3　使用DiskGenius对硬盘进行其他操作

除了分区外，DG还可以修改分区表类型、无损调整分区大小、恢复误删除文件等，功能非常多。

可以通过分区、硬盘信息查看，在下图中显示的转换分区表类型为MBR，那么当前就是GTP格式，反之同理。

如何判断当前硬盘是MBR类型还是GPT类型？

（1）修改分区表类型

DG可以将当前的分区表修改为MBR格式或GUID（GPT）格式。从菜单栏的"硬盘"中可以选择将当前的分区表格式修改为另一种格式。

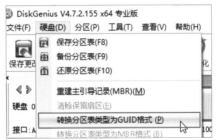

（2）无损调整分区大小

如果某个分区不够用，而其他分区又有多余的空间，可以通过"调整分区大小"来调整分区的大小，将多余的空间分给空间不够的分区使用。

（3）其他功能

其他功能还有删除分区、坏道检测与修复（如下左图所示）、4K扇区对齐检测（如下右图所示）等。

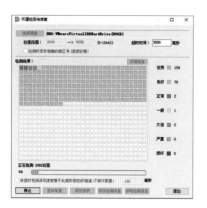

▶ 5.4 升级、安装操作系统

操作系统镜像文件和安装介质都准备好后，就可以安装操作系统了。下面以Windows 11为例，向读者介绍操作系统的安装和配置步骤。

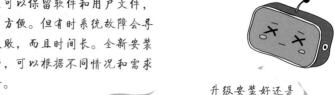

升级安装可以保留软件和用户文件，操作简单方便。但有时系统故障会导致升级失败，而且时间长。全新安装快速干净，可以根据不同情况和需求进行选择。

升级安装好还是全新安装好？

▶ 5.4.1 Windows 11的安装要求

和Windows 10不同，Windows 11的安装有软硬件条件限制，否则无法安装。目前新购买的电脑基本上都可以升级或全新安装Windows 11。

安装Windows 11的大多数要求，其实大多数电脑都满足，但有3点需要注意的地方。

（1）CPU的要求

Windows 11要求电脑的CPU必须是8代酷睿及以上的CPU（包括部分7代酷睿处

理器）以及同期的赛扬、奔腾、至强及以上的CPU，AMD锐龙2000系列CPU以及同期的霄龙、速龙、线程撕裂者及以上的CPU。以后可能会适当降低要求。

（2）TPM 2.0的支持

TPM简单来说就是安全模块，位于主板上或集成在CPU中。Windows 11需要TPM的支持，以增强安全性，并且需要版本为2.0的TPM。有些电脑需要在BIOS中开启TPM支持。开启后，使用"Win+R"启动"运行"对话框，输入"tpm.msc"，单击"确定"按钮，如下左图所示。如果可以正确显示TPM及其版本号，如下右图所示，说明可以正常安装Windows 11。

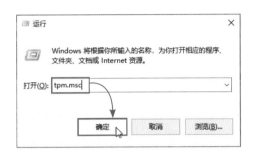 

（3）升级要求

如果需要通过升级方式从Windows 10升级到Windows 11，需要安装的Windows 10为2004（即20H1）及以上版本。

如果用户对硬件不了解，也可以使用微软的电脑健康状况检查工具或第三方的WhyNotWin11来检测当前电脑配置是否满足安装Windows 11的要求，如果满足，就可以直接进行升级安装了。

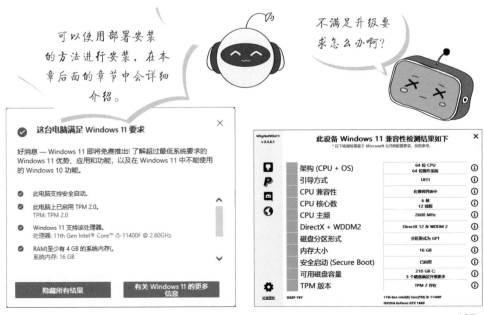

▶ 5.4.2 在线升级安装Windows 11

通过升级安装操作系统是最为简单的方法，而且升级安装可以保留用户所使用的所有软件。如果硬件符合升级安装要求，可以在"Windows 更新"中收到升级推送，单击"下载并安装"按钮操作系统就可以升级到Windows 11了。

如果未收到升级提示，可以在官网下载操作系统的界面中下载Windows安装助手"Windows11InstallationAssistant.exe"来进行升级安装。启动软件后，软件会自动连接微软服务器并进行升级检查，下载升级文件后就可以进行升级安装了。

▶ 5.4.3 离线升级安装Windows 11

如果已经下载了ISO镜像文件或者有系统安装U盘，可以使用离线安装的方式安装Windows 11。

如果使用官方的工具制作的系统安装U盘中的文件和ISO镜像文件一致，也可以使用系统安装U盘来进行离线升级安装。

系统安装U盘可以升级系统吗？

步骤 01 在Windows 10中，双击ISO镜像文件就可以将ISO镜像文件挂载到虚拟光驱中，在其中双击"setup"文件启动升级安装，如下左图所示。

步骤 02 启动后，单击"下一页"按钮，如下右图所示。

步骤 03 默认勾选"保留个人文件和应用"，单击"安装"按钮开始升级安装，如下左图所示。

步骤 04 接下来会自动进行安装，无需其他设置，非常方便，如下右图所示。

这要看是什么主板，比如华硕是F8，微星是F11，技嘉是F12等，但也不是绝对，具体可以参考主板说明。也可以进入BIOS修改设备启动顺序，相对麻烦一点。

为什么按了F12没有进到启动设备选择界面？

知识拓展 **保留用户软件及文件升级的前提条件**

如果要保留用户软件及文件，无论是在线升级还是离线升级，均需要先进入到Windows 10中。在PE环境、RE环境、U盘启动的安全环境中升级，均不能保留用户的软件及各种文件。

▸ 5.5 全新安装操作系统

如果电脑软件出现了问题而无法进入操作系统，或者新购买的电脑没有操作系统，就可以采用全新安装的方法安装Windows 11了。接下来介绍具体的安装步骤。

▸ 5.5.1 启动安装

步骤 01 将电脑关机，将通过官方工具制作的系统安装U盘插入电脑后启动电脑。按F12进入启动设备管理器，选择U盘，如下左图所示。

步骤 02 接下来会提示按任意键读取安装程序，按任意键后启动安装进程，如下右图所示。

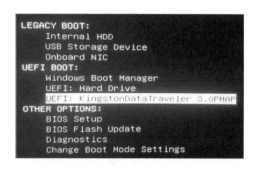

步骤 03 选择安装的语言等，单击"下一页"按钮，如下左图所示。

步骤 04 单击"现在安装"按钮，如下右图所示。

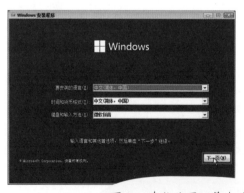

可以，在此处可以单击"修复计算机"引导系统进入到高级启动界面进行计算机的修复。

安装ISO镜像也可以修复计算机吗？

步骤 05 输入产品密钥，单击"下一页"按钮。也可以安装后激活，单击"我没有产品密钥"。如下左图所示。

步骤 06 选择安装的版本，如"Windows 11专业版"选项，单击"下一页"按钮，如下右图所示。

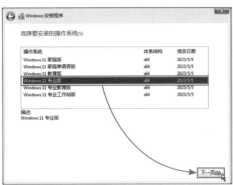

知识拓展　　**版本显示不同**

这里使用的是官方工具制作的系统安装U盘，界面中的版本如上右图所示。如果读者下载的是商业版或零售版的镜像，界面中的版本是不同的，可以根据实际需要选择，建议读者选择"专业版"。

步骤 07 勾选接受许可后，单击"下一页"按钮，如下左图所示。

步骤 08 单击"自定义：仅安装Windows（高级）"按钮，如下右图所示。

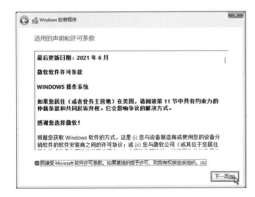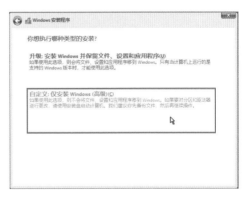

▶ 5.5.2　硬盘分区

如果硬盘已经分好了区，可以直接选择系统分区进行安装。如果是新硬盘，如不需要分区，可以选择"未分配空间"直接安装，让系统自动格式化。当然也可以删除掉所有分区，手动重新分区。下面介绍手动分区的方法。

步骤 01 选中需要分区和安装操作系统的硬盘，单击"新建"按钮，如下左图所示。

步骤 02 输入分区大小，单击"应用"按钮，如下右图所示。

步骤 03 系统提示需要创建额外的分区，单击"确定"按钮，如右图所示。

步骤 04 接下来系统会自动创建EFI分区和MSR分区。如果还有空间，可以继续创建分区。创建完毕后，选择需要安装操作系统的主分区，单击"下一页"按钮，如下左图所示。

步骤 05 接下来会展开镜像文件并安装对应的功能，如下右图所示。

步骤 06 完成后，会提示重启电脑，单击"立即重启"按钮。

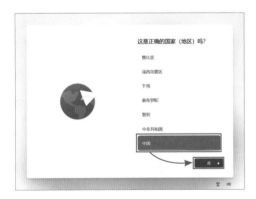

▶5.5.3 安装配置

重启后，电脑会安装系统文件、驱动等，再次重启后，进入安装的第二阶段——进行系统环境配置。下面介绍系统环境的配置过程。

步骤 01 选择当前的国家或地区，保持默认的"中国"选项，单击"是"按钮，如下左图所示。

步骤 02 选择键盘布局或输入法，保持默认，单击"是"按钮，如下右图所示。

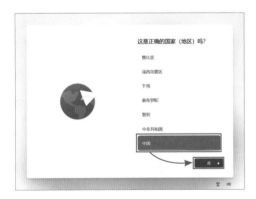
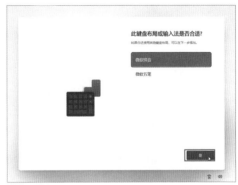

步骤 03 提示是否添加第二种键盘布局，单击"跳过"按钮，如下左图所示。

步骤 04 接下来检查更新，稍等片刻，如下右图所示。

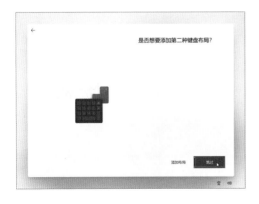
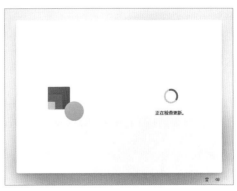

步骤 05 为电脑设置名称，输入后，单击"下一个"按钮，如下左图所示。

步骤 06 重启后，继续进行配置，选择"针对个人使用进行设置"，单击"下一步"按钮，如下右图所示。

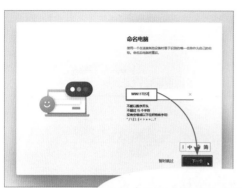

电脑名称就是该电脑名称，主要用于网络对该电脑的识别，而用户名是该电脑使用者的账户名，是用来确定身份和权限的标识。

电脑名称和用户名有什么不同？

步骤 07 接下来提示解锁更好的体验，需要登录微软账户，单击"登录"按钮，如下左图所示。

步骤 08 输入微软账户名称后，单击"下一步"按钮，如下右图所示。

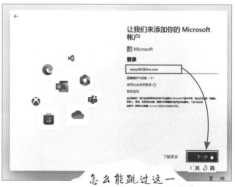

不登录无线网或有网线，进入网络设置界面，使用"Shift+FlO"打开命令提示符界面，输入"oobe\bypassnro"，按回车重启后再回到该界面，单击"我没有Internet连接"，就可以不登录而创建本地账户了。

怎么能跳过这一步，不使用微软账户登录，只使用本地账户登录呢？

步骤 **09** 输入微软账户的密码后，单击"登录"按钮，如下左图所示。

步骤 **10** 如果账户还登录过其他系统，则可以从其他系统上同步OneDrive文件、设置和偏好以及从微软商店安装的应用。如果不希望同步，可以将此电脑设置为新设备，单击"查看更多选项"链接，如下右图所示。

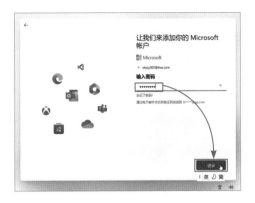
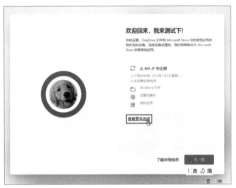

步骤 **11** 选择"设置为新设备"选项，单击"下一页"按钮，如下左图所示。

步骤 **12** 接下来弹出创建PIN码的界面，单击"创建PIN"按钮，如下右图所示。

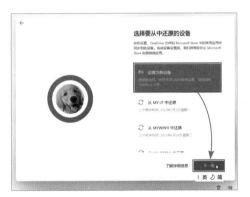

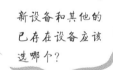

如果选择了某个已存在的设备，则会还原该设备的桌面环境、系统配置等基础参数到此电脑，这样用起来更方便。创建新设备，那么设置需要重新配置，但系统更干净。

新设备和其他的已存在设备应该选哪个？

知识拓展　　　PIN 码

这里的PIN码指的是Windows Hello PIN，是在本地创建的针对微软账户的登录Windows 11的密码。登录系统后，也可以选择使用账户和密码登录。

步骤13 勾选"包括字母和符号"复选框，设置PIN码，完成后单击"确定"按钮，如下左图所示。

步骤14 选择"设置为新设备"选项，单击"下一页"按钮，如下右图所示。

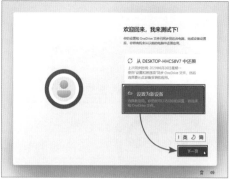

步骤15 根据实际情况设置隐私，完成后单击"下一页"按钮，如下左图所示。在自定义体验设置中设置体验内容，完成后单击"接受"按钮，如下右图所示。

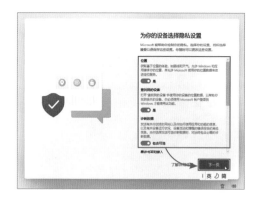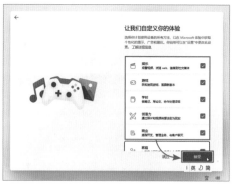

步骤16 系统进行更新并进行最后的配置和保存，此时不要关闭电源，如下左图所示。稍等一会儿就进入到Windows 11界面中，如下右图所示。

▶ 5.6　使用部署工具安装 Windows 11

前面介绍了安装Windows 11的硬件要求，如果不满足条件，会弹出硬件不满足要求无法继续安装的提示。可以使用部署工具来进行部署安装，这样就可以绕过Windows 11的硬件检查了。部署工具只能进行全新安装，无法进行升级安装，在使用时需要注意。

▶ 5.6.1　常见的部署工具

常见的部署工具有很多，每个PE都自带部署工具，可以安装原版操作系统以及GHOST操作系统。如下左图所示。

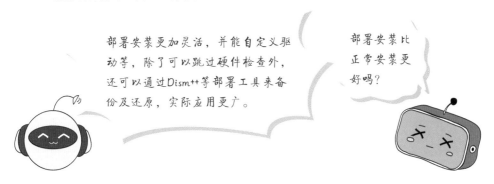

部署安装更加灵活，并能自定义驱动等，除了可以跳过硬件检查外，还可以通过Dism++等部署工具来备份及还原，实际应用更广。

部署安装比正常安装更好吗？

另外，还有一些通用部署工具，比较常用的是Dism++，如下右图所示，可以在RE环境中进行部署安装，也可以在PE环境中使用。WinNTSetup也是非常常用的，下面重点介绍使用该软件进行部署安装的操作步骤。

▶ 5.6.2　使用WinNTSetup部署安装Windows 11

WinNTSetup部署工具是功能强大的系统安装利器，支持所有Windows平台，可以完全格式化C盘，支持多系统安装，支持在PE环境中运行，允许用户在安装前对系统进行性能优化、集成驱动程序、启用第三方主题支持、加入无人值守自动应答文件等操作，支持创建VHD。

（1）使用部署工具的准备

部署工具在使用前，需要先对硬盘进行分区，如果采用的是UEFI+GPT模式，需要按照前面介绍的内容创建EFI分区。在使用时需要进入到PE环境中，在正常的操作系统中是无法使用该工具的，所以需要制作好PE启动U盘，并且需要下载好系统ISO镜像文件，保存到U盘或硬盘的非系统分区中。

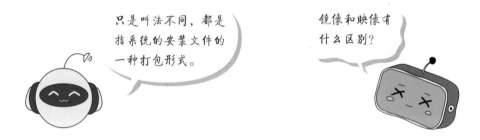

接下来进入到PE中，在ISO镜像上单击鼠标右键，一般都有挂载到虚拟光驱的提示，如下左图所示。保持软件默认配置，单击"确定"按钮，如下右图所示，就完成了挂载。可以到"此电脑"中查看是否挂载成功。接下来就可以使用WinNTSetup进行部署安装了。

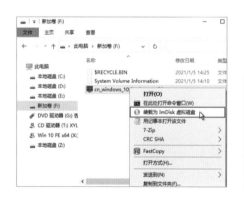

（2）开始部署安装

接下来介绍WinNTSetup的使用方法，基本上所有的PE都带有该工具，非常方便。

步骤 01 在PE的桌面或所有程序中找到并单击"WinNTSetup"快捷方式，如下左图所示。

步骤 02 在启动的界面中，单击"选择安装映像文件位置"后的"选择"按钮，如下右图所示。

步骤03 在选择界面中，进入到虚拟光驱中，找到并选择"sources"文件夹中的"install.wim"文件，单击"打开"按钮，如下左图所示。其他部署工具同样需要使用该文件。

步骤04 选择引导分区，默认会自动识别，如果未识别到，单击下拉按钮，选择EFI分区，如下右图所示。该步骤就是确定引导分区的位置。

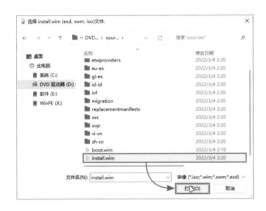

步骤05 单击"选择安装驱动器的位置"后的"选择"按钮，如下左图所示。

步骤06 选择准备安装操作系统的分区后，单击"选择文件夹"按钮，如下右图所示。此分区就是系统分区了。

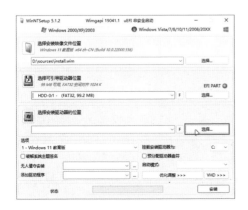
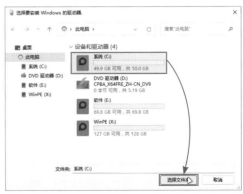

步骤 07 单击"选项"后的下拉按钮，选择安装的版本，这里选择"Windows 11专业版"，如下左图所示。

步骤 08 其他设置保持默认，单击"安装"按钮，如下右图所示。

步骤 09 在"就绪"界面中，保持默认设置，单击"确定"按钮，如下左图所示。

步骤 10 接下来WinNTSetup就开始ISO镜像的部署安装了，如下右图所示，不会进行Windows 11的常规验证，界面下方有安装进度条。

步骤 11 完成后，会弹出成功提示，单击"重启"按钮，如下左图所示。

步骤 12 重启2次后，如下右图所示，就进入了第二阶段的配置向导。

▶ 5.7 Windows 11 的设置

Windows 11安装完毕后，为了保证系统的安全性和功能，需要开启并使用Windows更新，这样才能获取各种安全补丁以及更新的新功能。另外，Windows更新还可以获取各种硬件的驱动，并且能自动进行安装，省去了寻找硬件驱动的过程。

▶ 5.7.1 启动Windows更新

Windows更新默认是开启的，可以进入"Windows更新"设置各种参数。

步骤01 使用"Win+I"组合键打开"系统"界面，单击"Windows 更新"按钮，如下左图所示。

步骤02 系统会自动检查系统的补丁文件并列出可以下载的新的可用更新，更新会自动下载并安装。有更新需要用户确认时，单击"立即安装"按钮，会安装这些更新，如下右图所示。

Windows 11在安装了大版本的更新后，可能需要重启电脑进行补丁的安装，此时不要强行关机或者断电，否则可能造成操作系统的故障，产生无法预料的后果。如果所有的更新均为最新版本，则会弹出相应的提示。

▶ 5.7.2 停用Windows 更新

从安全角度来说，不建议用户停用更新。如果确实要停用更新，可以在"Windows 更新"界面中单击"暂停更新"下拉按钮，选择需要的暂停更新时间，如下左图所示。如果要恢复更新，可以单击"继续更新"按钮，启动更新功能，如下右图所示。

▶ 5.7.3 Windows 11调出桌面图标

默认情况下，安装好原版的Windows 11后，桌面上只有回收站和Edge浏览器图标，如果要调出其他程序的图标，可以按照下面的步骤进行。

步骤 01 在桌面空白处单击鼠标右键，选择"个性化"选项，如下左图所示。

步骤 02 找到并单击"主题"选项，如下右图所示。

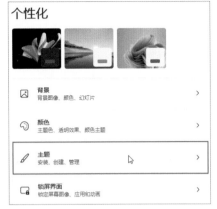

步骤 03 找到"桌面图标设置"选项，单击该选项，如下左图所示。

步骤 04 勾选需要显示的桌面图标，单击"确定"按钮，如下右图所示。

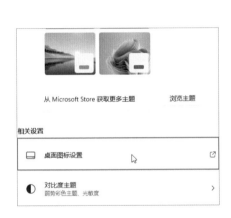
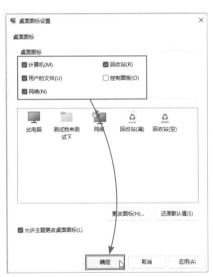

设置完并返回到桌面后，可以看到已经显示了用户选择的桌面图标。

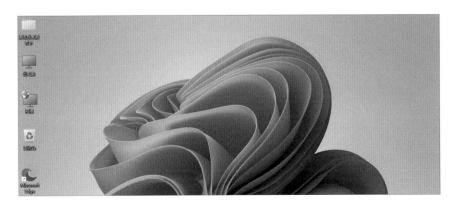

╲╲ 专题拓展 ╱╱

Windows 11 的激活

用户可以在安装Windows 11时输入密钥激活，也可以在安装后激活。

步骤 01 使用"Win+I"组合键，启动"设置"界面，单击"立即激活"。

步骤 02 在弹出的对话框中，输入激活密钥。

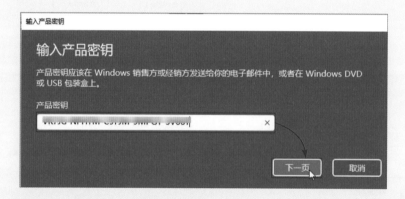

步骤 03 如果密钥正确，则会弹出激活成功提示。

在这里，还可以更换产品密钥，或者使用数字许可证进行激活。

第 **6** 章

电脑故障检测及排除

本章重点难点

电脑常见故障排查顺序及方法

CPU 常见故障及排除

内存常见故障及排除

显卡常见故障及排除

显示器常见故障及排除

电脑软件常见故障排查思路

主板常见故障及排除

硬盘常见故障及排除

电源常见故障及排除

使用系统自带的功能修复电脑

电脑在使用过程中，难免会出现各种问题，一般在质保期中的设备，还是建议送到对应品牌的售后部去检测和维修。如果超出了质保期，用户又有一定的电脑知识和动手能力，可以通过简单的检测和排查来确定故障点，从而排除故障。本章将向读者介绍常见的电脑故障和排除方法。

首先，在学习本章内容前，
先来几个问题热热身。

热身问题

电脑的故障排除是一个循序渐进、理论和实践相结合、不断积累的过程。

初级： 电脑按下开机键没有反应应该先查看什么？

中级： 电脑可以通电，但主机没有反应应该先查看什么？

高级： 电脑无法引导应该怎么办？

参考答案

初级： 先查看电源线、插排，以及电源上的开关按钮是否拨到了"○"。

中级： 这种情况很常见，尤其老电脑。首先应拔下内存条，清理金手指后，再安装回去，这种情况大部分可以解决。

高级： 可以使用启动维护U盘，进入到PE环境中，使用软件修复引导。如果找不到硬盘，可以到BIOS查看是否可以识别到硬盘，再检查硬盘的数据线和电源线是否接触不良。

大部分电脑故障都是由软件引起的，准备一个启动维护U盘是必要的。

6.1 电脑维修工具

在维修电脑前，需要准备一些常见的工具以方便检测硬件，快速判断故障。

6.1.1 拆装工具

拆装工具包括螺丝刀、加磁器、尖嘴钳、镊子、强光手电、零件收纳盒等。

6.1.2 清理工具

除了静电外，灰尘是电脑的另一大杀手，加上潮湿的环境，会加速硬件的氧化，造成接触不良。所以，需要定期清理电脑。常见的清理工具包括以下几种。

（1）橡皮擦

橡皮擦是必备的清理工具，用来去除金手指上的氧化物非常有效。

（2）鼓风机

鼓风机是大范围清理电脑积灰的最有效工具，也可用于快速吹干水渍等。如果没有，也可以用普通的吹风机代替（冷风）。建议在空旷、通风的场地使用。

可以，但需要带好口罩，并且不要对着某个硬件持续吹很长时间。要有顺序，在清理时要注意距离和风量，避免损伤硬件。

鼓风机直接吹硬件就行了吗？

（3）皮老虎

皮老虎用于无法用其他工具清理的位置或不能用手接触的位置的灰尘的清理。

（4）刷子

刷子是用来清除顽固灰尘的工具。

▶ 6.1.3　检测工具

检测工具是用来对硬件进行专业检测所使用的工具。

（1）主板检测卡

主板检测卡，如下左图所示，电脑无法启动时，用其来初步检测电脑启动故障的故障点，通过显示的代码就可以知道故障的位置。一些电脑主板自带Debug灯，作用是一样的。

（2）电源输出检测仪

电源输出检测仪用于检测电脑电源各接口的输出电压，是诊断电源故障的利器，如下右图所示。

（3）万用表

万用表在检测电路时使用，如下左图所示。

（4）多功能检测仪

多功能检测仪可以检测各种外设和电脑输出设备，如下右图所示。

 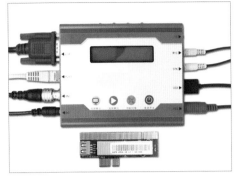

▶ 6.1.4 维修工具

维修工具主要用来更换电脑中损坏的芯片及零部件。

- **电烙铁：** 如下左图所示，用于焊接元器件及导线。其按加热结构可分为内热式电烙铁和外热式电烙铁，按功能可分为无吸锡电烙铁和吸锡式电烙铁，根据功率不同又分为大功率电烙铁和小功率电烙铁。使用电烙铁时还需要焊锡以及助焊膏。
- **热风枪：** 是利用发热电阻丝制成的枪芯吹出的热风来对元器件进行焊接与摘取的工具。热风枪在主板维修中使用得非常广泛。热风枪主要由气泵、加热器、外壳、手柄、温度调节按钮、风速调节按钮等组成，焊接不同的元器件需要不同的温度和风速，如经常使用，可以配备专业电焊台，如下右图所示。

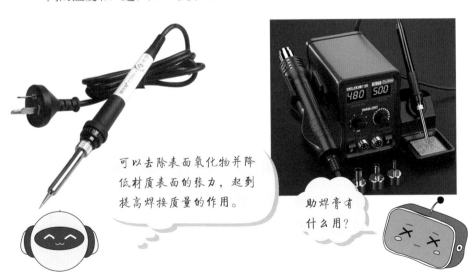

可以去除表面氧化物并降低材质表面的张力，起到提高焊接质量的作用。

助焊膏有什么用？

▶ 6.1.5 介质准备

介质包括备份资料的移动硬盘以及用于维护系统的PE启动盘。

▶ 6.2 电脑故障的主要分类

电脑故障依据电脑的组成分为硬件故障以及软件故障两大类。

▶ 6.2.1 硬件故障产生原因

电脑由内部组件和外部组件所组成，如果关键组件出现问题，电脑就无法正常工作，甚至无法开机。常见的导致硬件故障的原因主要包括以下几个。

（1）灰尘造成的故障

灰尘是电脑的威胁之一，大量的灰尘使电路板上传输的电流发生变化从而影响电脑性能。如果遇到潮湿的天气，小则引起氧化反应，接触不良，大则引起电路短路、烧坏元器件。所以，应经常为电脑清理灰尘，如下左图所示，尤其是在每年夏季前。平时也要保持电脑周围清洁。

（2）静电造成的故障

电脑中的元器件对静电十分敏感，静电一般高达几万伏特，在接触电脑元器件的一瞬间可能导致电脑元器件被电流击穿。为防止静电的影响，电脑电源应该使用三相并带有接地的插排。如果没有接地，可以使用金属导线将机箱与水管等相连以排走静电。维修电脑时，可以在桌上铺防静电台垫，如下右图所示，并正确连接接地设施。

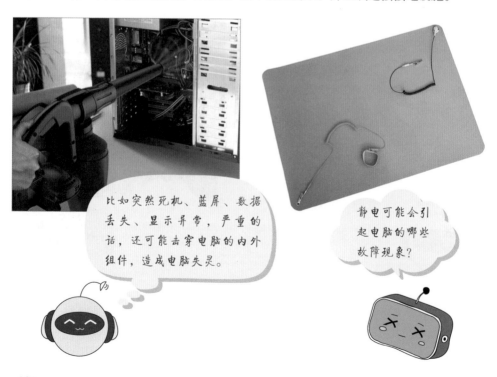

比如突然死机、蓝屏、数据丢失、显示异常，严重的话，还可能击穿电脑的内外组件，造成电脑失灵。

静电可能会引起电脑的哪些故障现象？

（3）过热造成的故障

电脑在工作时，CPU和显卡会产生大量的热量，正常情况，机箱中的散热设备可以将多余的热量散发出去，但灰尘过多、散热设备故障或者某元器件故障等都会直接或间接地造成散热问题，使多余的热量无法及时排出，轻则造成死机、断电，重则会烧毁元器件。所以遇到机箱内温度过高的情况时，要及时检查风扇转速是否正常，及时为电脑清理灰尘，定期为风扇轴承加油，如下左图所示。

可以使用系统自带的或第三方的温度监控工具来查看。当温度过高时会预警。一般电脑无任务时比室温高几至十几度是正常的。

如何判断机箱温度是否过高？

（4）供电造成的故障

供电故障包括电压、电流不稳定或过大，电源连接错误等。电压或电流的突然增大，有极大可能对电脑硬件造成损害。短路、雷击等都会对电脑造成损害，如下右图所示。

家庭使用不稳定的大功率家用电器，也会影响线路中的电压及电流。不稳定的电压、电流会对电脑中的各种元器件造成损害，还会产生一些莫名其妙的问题。所以一定要选择使用了优质元器件如电容、电感等的主板、显卡等硬件设备。还可以选用带有防雷击、防过载等功能的电源插座。另外需要注意，尽量不要将电脑电源线接到大功率设备的电路上，如空调、热水器等。

（5）元器件损坏

元器件损坏也是电脑的故障之一。元器件的故障原因主要和不稳定的供电或瞬间的大电压、大电流有关系。处理元器件故障除了需要由经验判断出损坏的元器件外，还要知道该元器件的类型，以便购买和更换。所以，元器件的维修需要更专业的识别和更换技术。如下左图所示。

（6）操作不当造成的损坏

人为操作不当也是硬件故障的一大原因，接错线路、暴力插接、不正确的使用习惯等都可能造成硬件的损坏，如下右图所示。所以在连接电脑前，需要学习一定的硬件知识，按照硬件的防呆设计进行插接，不进行暴力拆装，一般就不会对电脑造成损坏。在使用电脑时也要学习一定的使用技巧，定期清理硬件、软件，这样才能让电脑保持在高效的工作状态。

要学习一些电脑硬件知识，在接驳时，注意防呆缺口的位置和形状，用力适当，不确定如何安装时可以搜索安装视频先学习。还有就是熟能生巧哦。

怎样减少因误操作造成的硬件损坏呢？

▶ 6.2.2　软件故障产生原因

相对于硬件故障，软件故障发生的概率更高，而且直接影响用户的使用。软件故障相对硬件故障来说，维修成本不高，还可以通过重装系统最终解决。

（1）操作系统故障

操作系统故障主要包括操作系统配置不当、操作系统文件丢失等，如下左图所示，会引发电脑蓝屏（如下右图所示）、死机、弹窗报错等故障现象。另外，选择操作系统时，尽量选择未经过任何修改的原版操作系统，尽量不要使用修改过且稳定性未经测试的其他版本的操作系统。

（2）病毒和木马

病毒和木马对电脑造成的威胁主要是针对程序和重要数据的。病毒主要负责感染可执行程序，使其无法正常工作，如下左图所示，还会结束杀毒软件进程，使其失效等，而木马则主要负责收集用户的隐私信息和重要文件，如下右图所示，所以需要重点防范。

（3）应用软件故障

一些破解、绿色、精简、激活软件有可能本身就是木马或病毒，如下左图所示。而且修改过的软件本身也非常不稳定，或本身就存在相当大的漏洞，从而影响整个电脑系统的安全性或稳定性。所以建议用户使用正版的软件，并且在使用前对软件进行病毒查杀，如下右图所示。

▶ 6.3 电脑故障的排查原则和检测方法

电脑出现故障后，可以按照一定的流程和方法进行检测和处理，从而快速准确地确定故障点并排除故障。下面介绍电脑故障的常见排查原则和检测方法。

▶ 6.3.1 电脑故障的排查原则

电脑故障的快速排查需要长时间维修经验以及硬件知识的积累，下面介绍一些排查的原则。

（1）由易到难

在排查时，优先考虑一些常见的故障原因：

- **观察电脑周围的环境情况**。位置、电源、连接、其他设备、温度与湿度等。
- **观察电脑故障所表现的现象**。显示的内容，以及这些现象与正常情况的差异。
- **电脑内部情况**。灰尘、连接、元器件颜色、组件的形状、指示灯的状态等。
- **电脑的软硬件配置**。安装了何种硬件、系统资源的使用情况如何、使用的是哪种操作系统、安装了何种应用软件、硬件的设置如何、驱动程序的版本如何等。

嗯嗯，可以算是，而且还真需要"闻"，就是检查电脑内部有没有烧焦的味道，尤其是电源，可以排查元器件是否烧毁。

这就是望闻问切吧？

（2）先想后做

先分析判断，再进行维修。对于观察到的现象，尽可能地先查阅相关的资料，看有无相同的状况、表现，以及给出的解决方案等，然后再结合本机的故障现象，尝试着手解决故障。在分析判断的过程中，要根据自身已有的知识、经验进行判断，对于自己不太了解或根本不了解的状况，一定要先了解学习。

（3）先软后硬

从整个判断维修的过程看，总是应先判断是否为软件故障，检查操作系统、软件是否有问题，当排除了软件故障后，再从硬件方面着手检查。

（4）主要矛盾

有时可能会出现一台故障机不止有一个故障现象，应该先判断维修主要的故障，修复后再维修次要故障。

别忘了我们还有PE系统，可以通过PE系统判断故障是由操作系统还是由硬件引起的。

更换系统进行测试太麻烦了，还有没有其他更简单的方法？

▶ 6.3.2 电脑故障的检测方法

在检测电脑故障时，可以使用一些技能和方法来快速定位故障点。

（1）观察法

观察是判断维修的第一要法，它贯穿于整个判断维修过程。观察不仅要认真，而且要全面。要观察的内容包括：

- **硬件环境**：除了硬件本身外，还包括各种插头、插座和插槽等。
- **软件环境**：除了操作系统、应用软件外，还要考虑BIOS的故障等。
- **用户环境**：用户的知识水平、操作的习惯、配置的过程等。

（2）最小系统法

从判断维修的角度看，能使电脑开机或运行的最基本的环境叫做最小系统，一般由电源、CPU、主板和内存组成。判断在最基本的环境中，电脑主机系统是否正常工作，如果存在问题，可以快速定位最小系统的故障点。

最小系统法与逐步添加法结合，能较快速地定位发生故障的组件或位置，提高维修的效率。

（3）逐步添加/去除法

逐步添加法以最小系统为基础的，如果最小系统没有问题，每次向系统添加一种组件、设备或软件，检查故障现象是否出现或发生变化，以此来判断并定位故障点。逐步去除法与逐步添加法的操作相反，去除某个组件，电脑可以运行，那么该组件就是故障点。

（4）隔离法

隔离法是将可能妨碍故障判断的硬件或软件屏蔽起来的判断方法。它也可用来将相互冲突的硬件、软件隔离以判断故障是否发生变化的。

对于软件来说，可以停止其运行，或者是卸载；对于硬件来说，可以禁用、卸载其驱动。

隔离法具体如何使用呢？

（5）替换法

替换法是用好的组件去代替可能有故障的组件，以观察替换后故障现象是否消失的判断方法。最先检测与怀疑有故障的组件相连接的连接线、信号线等，然后替换怀疑有故障的组件，再后替换供电组件，最后替换其他组件。在条件允许的情况下，替换法是最快且最好的故障检测方法。

（6）比较法

比较法与替换法类似，即用好的组件与怀疑有故障的组件进行外观、配置、运行现象等方面的比较，也可在两台电脑间进行比较，以判断故障电脑在环境配置、硬件设置方面的不同，从而找出故障部位。

（7）诊断法

使用专业工具可以直接诊断。如果可以进入操作系统，可以使用专用的检测软件对电脑软硬件进行测试，如硬盘、内存、CPU、显卡等，判断其稳定性和损坏程度。

▶ 6.3.3　电脑故障的一般排查顺序

电脑故障的排查需要长时间的经验积累和实践。下面介绍一般的排查顺序。

（1）了解状况

了解故障发生前后的情况，了解用户在出现故障时进行过的操作、用户使用电脑的水平等。根据以上情况进行初步的判断。了解故障发生前后尽可能详细的信息，将使现场判断的准确性及维修效率得到提高。

（2）复现故障

确定用户所陈述故障现象是否存在，对所见现象进行初步判断，确定下一步的操作。确定是否还有其他故障存在。在进行故障现象复现、判断维修的过程中，应避免故障范围扩大。

（3）了解环境

了解电脑工作环境中是否有其他高功率电器，网络硬件环境，机箱内的清洁度，温湿度，组件的跳线设置、颜色、形状、气味等，组件或设备间的连接是否正确，有无缺针/断针等情况，用户加装的与机器相连的其他设备等一切可能与机器运行有关的其它硬件设施。加电过程中检测元器件的温度，闻是否有异味，看是否冒烟，检查系统时间是否正确等。

（4）解决故障

利用各种检测工具和软件确定故障点或缩小故障范围到具体的硬件。利用维修工具或软件对故障进行修复。如果是软件故障，则根据故障情况，采用修改系统设置、修改注册表、修改组策略编辑器、编辑服务、修复引导、修改系统参数、重装系统等方法解决。如果是硬件故障，则要复杂一些：如果是接触不良，清理后接好就可以修复；如果是硬件损坏，有维修能力的用户可以进行维修，如果个人无法维修，可以通过售后解决，或者更换硬件。

观察系统中加载了何种软件、它们与其他软硬件间是否有冲突或不匹配的地方。观察系统的驱动、补丁是否已安装、是否合适。

对，还要了解要处理的故障是否为业内公认的BUG或兼容问题；用户加装的其他应用与配置是否合适。观察用户的操作过程和习惯，看是否符合要求。

（5）结果检查

维修后必须进行检查，确认所发现的故障已解决，检测用户的电脑是否还存在其他可见的故障。尽可能查找未发现的故障并及时排除。

（6）其他事项

在维修前，如果灰尘较多，或怀疑是由灰尘引起的故障，应先除尘。

如果要通过比较法、替换法进行故障判断的话，应先征得机主的同意。

如在进行判断维修的过程中有可能影响到用户存储的数据，一定要在做好备份或保护措施并征得用户同意后，才可进行。

当出现大批量的相似故障时，一定要对周围的环境、连接的设备，以及与故障组件相关的其他组件或设备进行认真的检查和记录。

▶ 6.4　电脑主要组件的常见故障及排除

下面按照电脑系统的组成，将各组件常见的故障、表现现象及处理方法向读者进行介绍。

▶ 6.4.1　CPU的常见故障及排除

CPU如果出现故障，只能更换，但一些接触不良的问题可以处理。

（1）CPU故障的常见现象

CPU出现故障后，主要的现象有：

- 加电后系统没有任何反应，主机无法启动。
- 电脑频繁死机（这种情况在其他配件出现问题时也会出现，可以使用排除法查找故障点）。
- 电脑不断重启，特别是开机不久便出现连续重启的现象。
- 不定时蓝屏。
- 电脑性能下降，而且下降的程度相当大。
- 电脑待机时CPU温度高出正常水平，运行软件和游戏后，温度飙升，最后出现蓝屏、黑屏、关机或重启。

（2）CPU故障的排查

CPU出现故障后，应当按照一定的顺序排查，然后分析原因。

- 在开不了机的情况下，检查CPU是否插好，是否接触不良。
- 排除接触不良后，检查CPU的供电电压是否有问题，此时重点检查电源。
- 如果可以开机但存在死机的情况，需要检查CPU散热系统是否工作正常。
- 检查CPU是否超频，如果超频，需要将频率改回来。

开机后，用手快速触摸CPU，感觉是否有温度变化，如果没有温度变化，说明CPU未工作，如果供电正常，CPU有可能已经损坏。

如何快速判断CPU已经开始工作了？

（3）CPU常见故障的原因及排除

接下来介绍CPU一些常见故障的原因，针对原因快速解决即可。

① 散热造成的故障　CPU工作时会散发大量的热量，当CPU散热不良时，会造成CPU温度过高，进而造成电脑死机、黑屏，机器变慢，主机反复重启等现象。

经常会发生由于CPU散热器安装不当或散热器损坏，造成散热器底座与CPU接触不够紧密，进而造成CPU散热不良。解决方法是在CPU上均匀涂抹薄薄一层导热硅脂后，正确安装CPU散热器。如果散热器损坏，先不要使用电脑，及时更换散热器。

如果CPU散热器的灰尘很多，可以将其卸下，用毛笔或软毛刷将灰尘清除。如果CPU散热风扇的功率不够大或老化，可以更换CPU散热风扇。

② 超频不当造成的故障　超频后的CPU运算速度会更快，但是对电脑稳定性和CPU的使用寿命都有影响。超频后，如果散热条件达不到CPU需要的标准，将出现

无法开机、死机、无法进入系统、经常蓝屏等故障。

所以在超频的同时，需要通过提高散热能力、提高CPU工作电压增加稳定性。如果故障依旧，建议普通用户恢复CPU默认的工作频率。

③ CPU预警温度设置不当引起的故障　如果在BIOS中将警戒值设置得过低，很容易就会产生死机、黑屏、重启等故障。而如果设置得过高，如CPU瞬时发热量过大，很容易造成CPU的烧毁。所以应正确设置CPU的预警温度。

④ 物理故障　在运输及安装的过程中，需要特别注意CPU的完好性。在检查时，不仅要检查CPU与插槽之间是否连接通畅，而且要注意CPU底座是否有损坏或安装不牢固从而产生问题。尤其要注意针脚，安装触碰时，都需要小心。一旦弯曲了，掰直是非常花费功夫的，还会影响CPU的安全及性能。

⑤ 导热硅脂造成的故障　要让CPU更好地散热，在芯片表面和散热器之间涂了很多导热硅脂，但是CPU的温度没有下降，反而升高了。这是因为导热硅脂是用来提升散热效果的，正确的方法是在CPU表面薄薄地涂上一层，基本覆盖芯片即可，涂多了反而不利于热量传导。而且，导热硅脂容易吸收灰尘，导热硅脂和灰尘的混合物会大大影响散热效果。

▶ 6.4.2　主板的常见故障及排除

主板是电脑的中枢，主板出现故障的概率也非常高。下面介绍主板故障的检测。

主板检测卡上会显示当前运行的代码，如果发生故障，查看当前代码就可以了解故障的相关情况。如C和D开头的代码，大部分与内存有关。

主板检测卡怎么使用？

（1）主板故障的常见现象

主板是电脑的中枢，所有的设备都连接到了主板，并在其中进行数据的高速中转，主板的稳定性直接影响电脑工作的稳定性。由于主板集成了大量电子元器件，作为电脑的工作平台，主板故障的表现形式也是多种多样，而且包含了大量不确定性因素。主板故障的主要现象有：

- 电脑经常死机。
- 电脑无法开机。
- 电脑经常重启。
- 电脑经常蓝屏。

- 电脑的接口无法使用。
- 没有声音，网络无法连接。
- 无法进入BIOS及BIOS设置无法保存。

（2）主板故障的排查

主板发生了故障，可以按照以下思路排查故障点：

- 先了解主板在什么状态下发生了故障，或者添加、去除了哪些设备后发生了故障。
- 通过主板检测卡的代码或者Debug灯等判断故障位置。
- 维修主板前，需要对主板进行清理，除去主板上的灰尘等容易造成故障的异物。清理时一定要去除静电，并使用软毛刷、毛笔、皮老虎、鼓风机等设备仔细进行清理，尽量避免再次损害的发生。
- 清理接口可以排除接触不良造成的故障。一定要在切断电源的情况下进行，可以使用无水酒精、橡皮擦除去接口上的金属氧化物。
- 使用最小系统法进行检修。查看能否开机，再添加其他设备进行测试。

（3）主板常见故障的原因及排除

如果不确定是不是主板发生的故障，可以采取替换法测试，也可以通过主板检测卡进行测试，或者由主板自带的Debug灯判断。常见的主板故障原因有：

- 主板驱动程序有故障。
- 主板元器件接触不良。
- 主板元器件短路或者损坏。
- CMOS电池没电。
- 主板兼容性较差。
- 主板芯片组散热出现问题。
- 主板BIOS损坏。

① CMOS故障　CMOS的主要故障就是电池没电，造成CMOS设置信息无法保存，由于配置的时间、硬盘模式、超频参数、开机顺序等无法保存，很容易产生开机报错、无法从硬盘启动等故障。所以，如果主板电池没电，应尽快更换电池。

② BIOS设置故障　如果BIOS设置出现问题或与系统冲突，也会产生各种故障。可以将BIOS恢复默认值，然后重新调整。可以在BIOS中找到并选择"Load Optimized Defaults"选项以恢复默认值。最后按F10保存退出。

③ 主板保护性故障　所谓保护性故障是指主板本身正常的保护性策略在其他因素的影响下误判断所造成的故障。如由于灰尘较多，使主板上的传感器热敏电阻附上灰尘，对正常的温度产生高温报警，从而引发了保护性故障。所以，在电脑使用了一段时间后，需要对主机、主板进行清灰并排查异物，如小螺钉等。

▶ 6.4.3　内存的常见故障及排除

内存是故障较多的内部组件，而且内存故障的表现非常明显。下面向读者介绍内存故障的常见现象及排除方法。

（1）内存故障的常见现象

内存是CPU数据的直接来源，也是沟通CPU和硬盘及外部存储的重要组件，负责临时数据的高速读取与存储，也是最小化系统启动必不可少的部分。内存出现故障有以下现象：

- 开机无显示，主板报警。
- 系统不稳定时经常产生非法错误。
- 随机性死机。
- 运行软件时，提示内存不足。
- 电脑莫名其妙自动重启。
- 电脑经常随机性蓝屏。

（2）内存故障的产生原因

内存常见故障的原因主要有以下几个：

- 内存金手指氧化。
- 内存颗粒损坏。
- 内存与主板插槽接触不良。
- 内存与主板不兼容。
- 内存电压过高。
- CMOS设置不当。
- 内存损坏。
- 超频带来的内存工作不正常。

（3）内存故障的排查流程

内存出现故障后，可以按照下面的流程排查故障原因：

- 先将内存拔下，用橡皮清理内存金手指，清理主板内存插槽后，将内存装入主板插槽再开机。也可换一个插槽安放内存。
- 如果无法开机，检查内存供电是否正常。如果没有电压，排查机箱电源故障或主板供电故障。
- 检查内存颗粒是否完好，内存和主板是否兼容，建议采用替换法排查。
- 如果可以开机，那么可以通过系统自检来查找问题或者使用检测软件检测。
- 考虑内存与主板不兼容的情况。如果内存的性能超出了主板的支持能力，那么只能更换内存或者主板。
- 如果自检正常，查看使用时是否有异常，在异常的情况下发热量是否过大，如果过大，建议增加散热器。
- 检查是否超频，将内存恢复到默认工作频率后检查故障是否消失。

（4）内存常见故障及排除

内存产生故障的因素很多，使用一些常见的方法可以快速发现故障并排除。

① 物理损坏　可以使用观察法查看内存上是否有物理损坏，如观察内存上是否有

焦黑、发绿等现象。观察内存表面内存颗粒及控制芯片是否有缺损或者异物。如果存在损坏，建议尽快更换。

② 金手指氧化　金手指接触不良，最主要的原因就是金手指氧化，内存插槽有异物、损坏等。内存接触不良，最主要的表现就是系统黑屏、无法启动。处理方式就是清除插槽内异物、对金手指的氧化部分进行处理：

- 用橡皮擦轻轻擦拭金手指。
- 用铅笔对氧化部分进行处理，提高导电性能。
- 用棉球沾无水酒精擦拭金手指，但是要等酒精挥发完毕再进行安装。
- 使用砂纸轻轻擦拭金手指，但一定要注意力度。
- 使用毛刷及鼓风机清理内存插槽

③ 超频导致的故障　使用超频软件超频或者用户手动调整内存时序或频率后，可能会使内存工作不正常，导致黑屏、死机、速度变慢等故障。用户在遇到该问题时，可以进入到BIOS中，查看内存的参数是否更改。如果无法进入BIOS，也可以对主板（电池槽）进行放电处理，清空CMOS数据，将BIOS各项参数恢复到默认值，查看故障现象是否消失。

④ 通过警报和代码判断 有些主板带有蜂鸣器，在开机时如果听到长响，说明内存出现了故障，主板Debug灯也会亮在"DRAM"位置。如果有代码或者使用了主板检测卡，C开头或者D开头的故障代码大都代表内存出现问题。

Debug灯一般有CPU、DRAM（内存）、VGA（显示设备）、BOOT（启动）四组灯，亮在什么位置不动了，说明就是哪个部分的组件出现了问题。

通过Debug灯如何判断故障？

▶ 6.4.4　硬盘的常见故障及排除

硬盘发生故障，将直接导致系统无法启动，并且会有提示信息。

（1）硬盘故障的常见现象

硬盘是电脑最主要的外部存储设备，是电脑数据主要的存放位置。硬盘故障会造成珍贵数据的丢失，所以硬盘故障是用户最不愿意看到的。硬盘故障会导致以下几种常见现象：

- 电脑BIOS无法识别硬盘。
- 无法启动，出现硬盘错误提示。
- 电脑异常死机。
- 频繁无故出现蓝屏。
- 数据无法读出或写入硬盘

- 电脑硬盘工作灯长亮，但是电脑速度非常慢，经常无反应。
- 管理工具无法正确显示硬盘状态。
- 硬盘发出异常的声音或振动。

（2）硬盘故障的原因分析

硬盘是电脑中的消耗组件，也是比较容易产生问题的组件，常见故障的原因如下。

① 电路出现问题　如果电路出现问题，会直接使硬盘不工作。现象有硬盘不通电、硬盘检测不到、盘片不转动、磁头不寻道。

② 接口损坏　接口损坏包括插针折断、虚焊、污损，接口塑料损坏等情况。

③ 缓存出现问题　缓存出现问题会造成硬盘不能被识别、显示乱码、进入操作系统后异常死机等情况。

无论是机械硬盘还是固态硬盘，都可能发生在使用时硬盘突然消失的情况。硬盘掉盘可能与线材、主板芯片组、硬盘分区表有关系，也有可能是硬盘本身固有的缺陷。

硬盘掉盘是什么情况？

④ 内部元器件损坏　磁头芯片的作用是放大磁头信号、处理音圈电机反馈信号等。出现损坏可能导致磁头不能正常寻道、数据不能写入盘片、不能识别硬盘、出现异常响动等故障现象。电机驱动芯片主要用于驱动硬盘主轴电机及音圈电机，是故障率较高的元器件。由于硬盘高速旋转，该芯片发热量较大，因此常因为温度过高而出现故障。

⑤ 磁盘坏道　机械硬盘会因为振动、不正常关机等原因造成磁盘坏道，从而造成电脑无法启动或者频繁死机等故障。

⑥ 分区表出现故障　因为病毒破坏、误操作等原因造成分区表损坏或者丢失，会使系统无法启动。

（3）硬盘故障的排查

硬盘故障的排查可以按照下面的顺序进行：

- 硬盘如果无法启动系统，先查看硬盘是否有异常响动。
- 如果有异常响动，可能是硬盘固件损坏、硬盘电路方面出现问题、硬盘盘体出现损坏。
- 如果没有异常响动，那么需要进入BIOS中，查看是否能够检测到硬盘。
- 如果不能检测到硬盘，那么需要检查硬盘电源线有没有接好、硬盘信号线有没有损坏、硬盘电路板有没有损坏。
- 如果可以检测到硬盘信息，那么需要查看硬盘启动文件或系统文件是否损坏，如果没有，那么故障出现在硬盘与主板上，或其他硬件有兼容性问题。
- 如果启动文件出现问题，可以通过工具或命令进行修复。
- 如果系统文件损坏，可以尝试替换或重新安装操作系统。
- 如果修复后仍不能进入系统，那么说明硬盘出现了坏道，可以通过检测软件进行硬盘坏道的检测。

如果出现物理坏道，可使用低级格式化软件或手动屏蔽掉坏道，但建议立即备份重要的文件，并更换为新硬盘。

出现物理坏道应该怎么处理？

（4）硬盘故障的排除

硬件产生故障后，最直接的影响就是丢失重要数据。所以，建议用户一定要定期进行数据的备份。

- 硬盘外部连接故障有主板硬盘接口松动、损坏，连接硬盘的电源线损坏或电源接口损坏，硬盘接口的金手指损坏或者氧化。可以采用替换法及排除法：更换连接线及硬盘，如果系统还是不能工作，那么可以将侧重点集中在主板及系统上面；通过替换法及排除法，可以准确地判断出是主板接口、电源、连接线还是硬盘本身出现了问题。
- 如果硬盘的外接电源不稳定，会出现死机、不断重启或者运行缓慢的状况。所以在检测时，硬盘外接电源是否正常供电也是需要特别关注的。
- 如果进入系统，而且可以检测到硬盘，可以使用专业的硬盘检测软件对硬盘进行检测。

▶ 6.4.5 显卡的常见故障及排除

显卡属于非常耐用的硬件。显卡故障主要集中在软件方面，也就是驱动方面。散热故障也是经常发生的。

（1）显卡故障的常见现象

显卡故障的直接表现形式就是显示画面异常、开机无法工作等。

- 开机无显示。
- 显卡不工作，风扇不转。
- 系统工作时出现蓝屏。
- 显示不正常。
- 运行程序时发生卡顿、死机现象。
- 分辨率无法调节。

（2）显卡故障的原因分析

造成显卡故障的主要原因有以下几种。

① 接触不良　该故障主要因为灰尘、金手指氧化等原因造成，在开机时有Debug灯报警提示。可以清除显卡及主板的灰尘后重新安装显卡。拆下的显卡要仔细观察金手指是否发黑氧化，板卡是否变形。

② 散热造成的不良　显卡在工作时，显示芯片、显存颗粒会产生大量热量，而这些热量如果不能及时散发出去，往往会造成显卡工作不稳定甚至损坏。所以出现故障后，需要检查显卡的散热器，看风扇是否正常运行，散热片是否可以正常散发热量。

是的，超频过高可能造成花瓶、黑屏、死机的情况。可以恢复到默认值后再测试。

显卡超频也会产生故障吗？

③ 显卡显存不良　如果挑选显卡时选择了劣质显卡，如显存质量不过关，散热器散热不良、损坏等，会引起电脑死机。

④ 显卡供电不良　现在有的显卡已经不满足于主板的供电，需要额外的电源供电。如果电源的额外供电不能满足显卡的需求，会导致电脑随机发生故障。所以，电源的好坏关系到整个电脑的稳定性。另外，需要检查显卡外接电源是否连接良好。

（3）显卡常见故障的排除

根据不同的原因，可以通过不同的方式排除显卡的故障。常见的排除方法如下。

① 清理氧化物　使用橡皮擦擦拭金手指，清除金手指上氧化物，可以解决由于金手指氧化引起的显卡与主板接触不良的问题。

② 检查外观状况　仔细查看显卡表面是否有元器件损坏或烧焦，并以此为线索，快速查到显卡的故障源，通过更换元器件的形式进行修复。

③ 查看参数　在显卡出现故障后，通过工具查看显卡工作参数，对比正常值，判断出显卡工作的异常点，找到故障点。

④ 检测显存　如果电脑可以进入系统，但是经常遇到死机或者花屏现象，可以使用第三方测试软件对显卡的显存颗粒进行测试。如果显存颗粒出现故障，动手能力强的用户可以更换相同型号的显存颗粒。

⑤ 刷新显卡BIOS程序　显卡BIOS芯片用于存放显示芯片与驱动程序间的控制程序，以及显卡的型号、规格、生产厂家、出厂信息等参数。当控制程序损坏后，会造成显卡显示不正常、黑屏等故障。对于此类故障，用户可以使用专业的工具对BIOS程序进行刷新以排除故障。

⑥ 检查驱动或刷新BIOS程序　显示异常包括花屏、死机、颜色丢失、图标变大、驱动丢失等，此类故障多因显示器或者显卡不支持高分辨率、视频线、显示器分辨率设置不当，显卡与主板不兼容，显卡驱动故障等。处理方法：可启动电脑切换到安全模式查看显卡驱动是否异常，检查显卡与主板是否兼容，然后尝试更新显卡驱动程序，如果问题不能解决，可以尝试刷新显卡和主板的BIOS程序，但是刷新BIOS程序有一定风险，要在刷新前做好备份工作。

▶ 6.4.6　电源的常见故障及排除

虽然电源无法直接提升电脑的性能，但电源的稳定性直接关系到电脑内部组件工作的稳定性。本节向读者介绍电源的常见故障及排除。

（1）电源故障的常见现象

电源常见故障的表现形式非常明显：

● 无电压输出，电脑无法开机。

● 输出电压高于或低于正常电压。

- 电脑重复性重启。
- 电脑频繁死机。
- 电脑启动一段时间后自动关闭。
- 电源风扇不工作。

- 电源无法工作，有烧焦的异味。
- 电脑启动时，电源有异响或有火花冒出。

（2）电源故障的原因分析

电源常见故障主要由以下几种原因引起。

- 电源输出功率不足。
- 电源部件损坏。
- 电源开关损坏。

- 电源开关电路损坏。
- 电源虚标。
- 电源风扇损坏。

（3）电源故障的排除流程

电源故障排除流程如下：

- 观察电脑是否可以开机，如果不能，则检查电源开关及电路是否正常。
- 如果电源开关损坏，维修电源开关。
- 如果电源开关正常，测试电源是否能工作。
- 如果电源不能工作，检查电源保险丝、开关管、滤波电容等。
- 如果电源是好的，故障点在于电源负载过大。
- 如果电脑可以开机，检测电脑工作时是否会重启或者频繁死机。
- 如果有相关状况，检查电源电压是否正常。
- 如果电压不正常，需要对电源进行检修。

▶ 6.4.7 显示器的常见故障及排除

显示器用来对外显示，比较耐用且故障率较低，发生故障后现象非常明显。

（1）显示器故障的常见现象

显示器的常见故障有以下几种：

- 显示器无法显示。
- 显示器画面昏暗。
- 显示器出现花屏。

- 显示器出现坏点。
- 显示器出现偏色。

（2）显示器故障的原因分析

显示器故障的主要原因有以下几种：

- 电源线接触不良。
- 显示器电源电路出现问题。
- 液晶显示器背光灯损坏。

- 显示器控制电路有故障。
- 显示器信号线接触不良或损坏。
- 显卡出现故障。

- 液晶显示器高压电路板有故障。

（3）显示器故障的排除流程

显示器出现故障后，可以依据下面的流程排除。

- 开机后，查看显示器能否显示。
- 如果不能显示则检查信号线，显卡的控制电路、接口电路。
- 如果能显示，查看显示画面是否正常。
- 如果不正常，需检查信号线是否接触不良。
- 如果显示器不能开机，检查电源线是否连接好，如没连好，重新连接电源线。
- 检查电源电路保险丝是否烧坏。如果电源电路保险丝烧坏，更换电源电路保险丝，同时检查电源电路是否还有其他故障。
- 如果保险丝没有烧坏，检查电源是否有电压输出。
- 如果有电压输出，检查时钟信号及复位信号。还需要检查电源开关、开关管、滤波电容、稳压管、电源管理芯片等元器件。

▶ 6.5 使用操作系统自带的功能修复电脑

Windows本身就有很多功能组件可以修复操作系统的一些常见故障，下面介绍常见的系统修复功能。

▶ 6.5.1 使用高级启动

利用Windows的高级启动，可以进行启动修复、卸载更新、系统还原等。下面介绍通过系统的功能选项进入高级启动界面的方法。

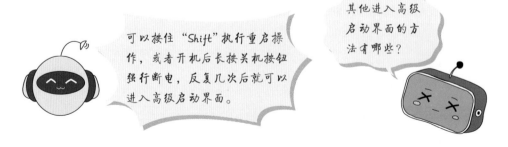

可以按住"Shift"执行重启操作，或者开机后长按关机按钮强行断电，反复几次后就可以进入高级启动界面。

其他进入高级启动界面的方法有哪些？

步骤 01 使用"Win+I"组合键进入"Windows设置"界面，在"系统"选项卡中找到并单击"恢复"选择，如下左图所示。

步骤 02 单击"高级启动"选择的"立即重新启动"按钮，如下右图所示。

步骤 03 重启后，进入到"高级启动"界面中，单击"疑难解答"按钮，如下左图所示。

步骤 04 单击"高级选项"按钮，如下右图所示。

在弹出的"高级选项"界面中，可以使用其中的功能对电脑进行修复，如下左图所示。

① 启动修复　如在电脑启动时出现故障，可以使用"启动修复"功能来检查磁盘错误并进行启动的修复，如下右图所示。

② 卸载更新　如果系统安装更新后发生故障，如系统崩溃、无法进入桌面、开机无法启动等，可以通过"卸载更新"功能修复。

③ 启动设置　单击"启动设置"按钮后，如下左图所示。单击按钮重启后会出现

高级启动菜单，如下右图所示，从这里可以进入Windows 11的安全模式，还可以禁用驱动程序强制签名。

④ 系统还原　"系统还原"可以通过备份的镜像文件将系统还原到对应的还原点，在下一章将介绍该功能的使用方法。

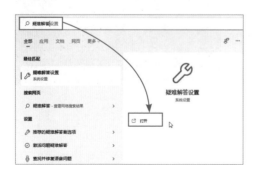

包括普通安全模式，可以联网的安全模式，以及只有命令提示符没有图形界面的安全模式。一般第一个最常用。

怎么有3个安全模式？该用哪个？

▶ 6.5.2　使用疑难解答修复系统故障

操作系统自带的"疑难解答"功能可以自行诊断和修复故障。其实它应该算是工具集，由很多针对不同问题的小工具组成。下面介绍"疑难解答"的使用方法。

步骤 01 在"开始界面"中搜索"疑难解答"并打开，如下左图所示。

步骤 02 在"疑难解答"界面中选择"其他疑难解答"选项，如下右图所示。

步骤 03 在"其他疑难解答"界面中显示了所有位置的疑难解答，如果Windows更新出现了问题，单击"Windows 更新"后的"运行"按钮，如下左图所示。

步骤 04 Windows 11自动诊断，检查所有相关问题，并尝试修复，完成后会显示诊断及修复的报告，如下右图所示。

▶ 6.5.3 硬盘故障的修复

前面介绍了硬盘硬件故障的修复，除了硬件本身的故障外，硬盘还可能产生引导问题、逻辑坏道问题等。下面介绍使用命令来检测和修复硬盘故障。

步骤 01 搜索"CMD"，选择"以管理员身份运行"选项，如下左图所示。

步骤 02 使用命令"chkdsk d：/F"来对D盘进行检测，如下右图所示。如果有逻辑坏道则会自动修复。因为C盘被使用，所以要检测C盘的话，会在下次启动时进行检测。

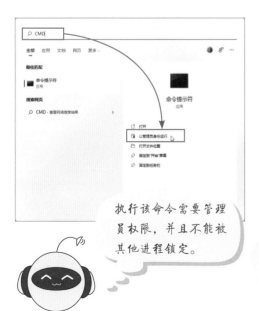
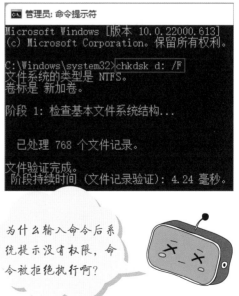

执行该命令需要管理员权限，并且不能被其他进程锁定。

为什么输入命令后系统提示没有权限，命令被拒绝执行啊？

笔记本常见故障及排除顺序

笔记本故障的原因也非常多，常见的故障及排除顺序如下。

（1）笔记本不加电（电源指示灯不亮）

● 检查外接适配器是否与笔记本正确连接，外接适配器是否正常工作。

● 如果只用电池作为电源，检查电池是否为原配电池，电池是否充满电，电池安装是否正确。

（2）笔记本电源指示灯亮但系统不运行，LCD也无显示

● 按住电源开关并持续4s来关闭电源，再重新启动检查是否启动正常。

● 检测外接显示器是否正常显示。

● 检查内存是否插接牢靠。

● 清除CMOS信息。

● 尝试更换内存、CPU。

（3）显示图像不清晰

● 检测调节显示亮度后是否正常。

● 检查显示驱动安装是否正确，分辨率是否适合笔记本的尺寸和型号。

● 检查屏线连接是否正确。

● 检查背光控制板工作是否正常。

● 检查主板上的芯片是否存在冷焊和虚焊现象。

（4）无显示

● 通过状态指示灯检查系统是否处于休眠状态，如是，按电源开关键唤醒。

● 检查连接的外接显示器是否正常。

● 检查是否接入电源。

● 检查屏线两端连接是否正常。

● 更换背光控制板或液晶屏。

（5）电池电量在系统中识别不正常

● 确认电源管理功能在操作系统中启动并且设置正确。

● 将电池充电3h后再使用。

● 在操作系统中将电池充放电两次。

● 更换电池。

（6）触控板不工作

● 检查是否有外置鼠标接入并用测试程序检测其是否正常。

● 检查触控板连线是否连接正确。

● 更换触控板。

● 检查键盘控制芯片是否存在冷焊和虚焊现象。

第 **7** 章

电脑的备份及灾难恢复

本章重点难点

- 使用还原点还原
- 使用文件历史记录备份和还原文件
- 使用"备份和还原（Windows 7）"功能备份和还原
- 系统映像的创建及还原系统
- 注册表的备份和还原
- 重置系统
- 误删除文件的恢复
- 账户密码的重置

Windows的稳定性还是非常高的，而且还在不断地对已发现的漏洞进行修复。但由于软件和系统之间的兼容问题，还有各种病毒、木马以及网络攻击的威胁，所以无论多么稳定的系统都存在崩溃的危险，存在重要文件丢失的可能。本章将向读者介绍电脑系统和资料的备份方法以及系统在崩溃后的灾难恢复的操作。

首先，在学习本章内容前，
先来几个问题热热身。

电脑系统和重要资料的备份是应对各种灾难事故最有效的方法。

初级： 系统出现问题，而又不会安装系统，应该怎么进行系统恢复？

中级： 为什么无法使用系统还原？

高级： 简述文件误删除恢复的原理。

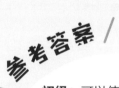

初级： 可以使用"重置此电脑"功能重置系统。

中级： 系统还原的前提是需要先进行系统或者文件的备份，才能使用还原功能还原到该还原点。

高级： 正常的文件误删除其实并不是彻底删除了，只是在硬盘上做了标记，表示该部分内容可以被覆盖。此时可以使用第三方软件扫描硬盘，找到这些文件，整理后就可以还原成单独的文件了。但如果被覆盖了，就无法还原了。

系统提供的备份恢复方案很多，需要根据不同的情况选择不同的方案。

▶ 7.1 使用还原点备份和还原

还原点中存储了当前系统的配置信息、状态参数、注册表信息、系统文件信息等。该方法主要应用于电脑安装了软件、驱动，设置了参数后发生异常时，将电脑还原到备份的状态。但还原点并不会保存用户文件。下面介绍具体的操作步骤。

▶ 7.1.1 创建还原点

无论何种还原方法，都需要先进行备份。下面介绍还原点的创建步骤。

步骤 01 使用"Win+S"组合键启动"搜索"界面，输入关键字"还原点"并搜索，单击"创建还原点"选项右侧的"打开"按钮。

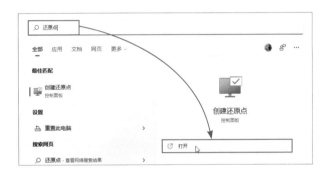

步骤 02 默认情况下，"还原点"功能并没有开启，单击"配置"按钮，如下左图所示。

步骤 03 单击"启用系统保护"单选按钮来启动该功能，拖动滑块来设置还原点备份的最大使用空间，完成后单击"确定"按钮，如下右图所示。

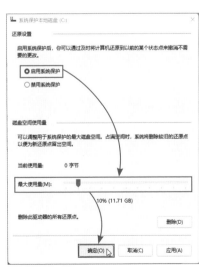

步骤 04 单击"创建"按钮来创建还原点，如下图所示。

步骤 05 输入还原点的描述信息，完成后单击"创建"按钮，如下左图所示。稍等片刻，系统完成还原点的创建，并弹出提示，如下右图所示。

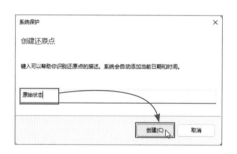

▸ 7.1.2　使用还原点还原

为了验证效果，可以先为系统安装一款软件，如下左图所示。安装完毕后，可以在"添加或删除程序"中看到该软件，如下右图所示。

步骤 01 按照前面介绍的方法进入到"系统属性"界面中，单击"系统还原"按钮，如下左图所示。

步骤 02 在启动的"系统还原"向导中选中还原点，单击"扫描受影响的程序"按钮，如下右图所示。

步骤 03 "系统还原"中显示执行"系统还原"后将被删除的程序或驱动，如下左图所示。确认后返回上级界面，单击"下一页"按钮，如下右图所示。

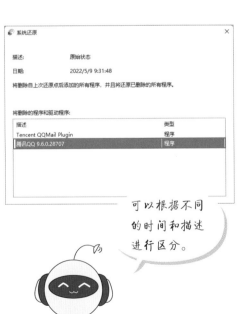

可以根据不同的时间和描述进行区分。

怎么区分不同的还原点啊？

步骤 04 确认还原点后，单击"完成"按钮，如下左图所示。

步骤 05 系统弹出警告，提示启动还原后无法撤销。单击"是"按钮启动还原，如下右图所示。

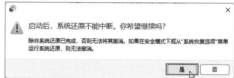

知识拓展

还原点备份、还原的内容

使用还原点备份、还原仅对于系统、软件、驱动等，而无法对文件进行备份和还原。如果需要备份文件，可以使用下节介绍的使用文件历史记录备份和还原文件功能。

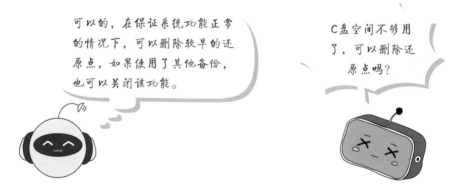

可以的，在保证系统功能正常的情况下，可以删除较早的还原点，如果使用了其他备份，也可以关闭该功能。

C盘空间不够用了，可以删除还原点吗？

步骤 06 电脑重启，开始还原。完成后，弹出成功信息，如下左图所示。所安装的软件也被卸掉了，"添加或删除程序"中已无该项目，如下右图所示。

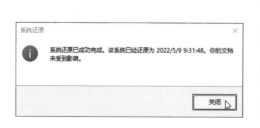

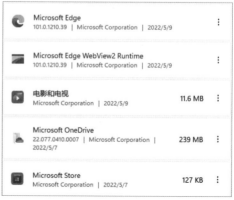

7.2 使用文件历史记录备份和还原文件

使用该功能可以备份和还原用户的重要文件。但需要注意，使用该功能时，需要先增加一块硬盘，将文件备份到新的硬盘上。下面介绍该功能的使用方法。

库是Windows中用来组织文件，以方便用户查找、管理和使用的一种逻辑结构。默认包括文档、音乐、图片、视频等。

库是什么意思？

▶ 7.2.1 创建文件备份

为了演示效果，可以先在桌面上创建一个测试文件夹，并在其中放置好用来测试的文件。首先介绍创建文件备份的方法。

步骤 01 使用"Win+S"组合键启动"搜索"功能，输入"通过文件历史记录还原你的文件"，从搜索结果中找到"通过文件历史记录还原你的文件"功能，单击"打开"按钮，如下左图所示。

步骤 02 单击"配置文件历史记录设置"链接，如下右图所示。

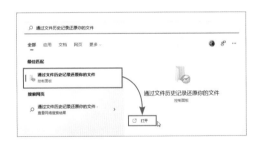

步骤 03 该功能是关闭状态，单击新加的硬盘下的"启用"按钮，如下左图所示。

步骤 04 默认情况下，会备份包括库、桌面、联系人和收藏夹中的文件。单击"立即运行"按钮启动备份，如下右图所示。稍等片刻就完成了文件的备份。

▶ 7.2.2　还原文件

在桌面上删除刚才创建的测试文件夹及文件，然后使用该功能还原文件。

步骤 01 在"文件历史记录"界面中，单击左侧的"还原个人文件"按钮，如下左图所示。

步骤 02 找到文件保存的位置，本例操作为双击"桌面"图标，如下右图所示。

步骤 03 选中需要还原的文件夹或文件，单击"还原到原始位置"按钮，如下左图所示。系统会将备份的文件还原到原始位置，并自动打开该文件夹，如下右图所示。

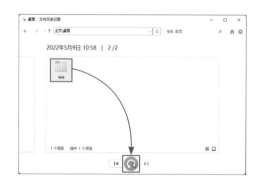

▶ 7.3　使用"备份和还原（Windows 7）"功能备份和还原

该功能原本用于Windows 7系统，由于非常好用，在此后的Windows版本中都保存了该功能。该功能可以备份系统状态、文件，还可以创建系统备份镜像，使用非常方便。

▶ 7.3.1 使用"备份和还原（Windows 7）"备份

首先仍然先要进行备份，并且需要开启该功能。

步骤 01 搜索"控制面板"，单击"打开"按钮，如下左图所示。

步骤 02 单击"查看方式"后的"类别"下拉按钮，选择"大图标"选项，如下右图所示。

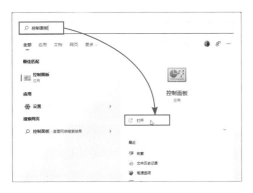 

步骤 03 找到并单击"备份和还原（Windows 7）"按钮，如下左图所示。

步骤 04 因为尚未进行备份，所以没有其他选项。单击"设置备份"按钮，如下右图所示。

 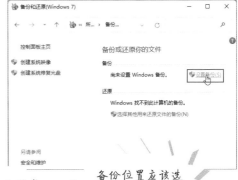

可以备份到该硬盘的其他分区或
其他存储介质，如移动硬盘或U盘。
也可以通过网络备份到其他设备中。
最快的还是备份到其他分区。

备份位置应该选
择在哪里？

步骤 05 系统启动"设置备份"向导，选择备份的保存位置，单击"新加卷（F:）"，单击"下一页"按钮，如下左图所示。

步骤 06 单击"让我选择"单选按钮，单击"下一页"按钮，如下右图所示。

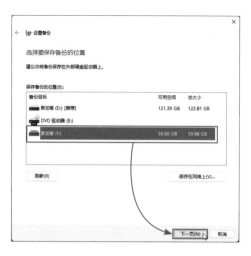

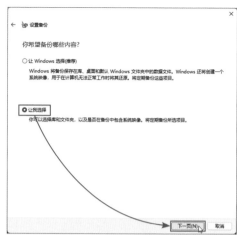

步骤 07 根据实际的需要选择备份的内容。默认选择系统的"数据文件",用户可以继续勾选其他需要备份的文件夹。取消勾选"包括驱动器EFI系统分区,(C:)的系统映像"复选框,单击"下一页"按钮,如下左图所示。

步骤 08 确认备份的内容后,单击"保存设置并运行备份"按钮,如下右图所示。接下来系统会自动进行所选内容的备份,备份时间根据所选内容多少而不同。

▶ 7.3.2 使用"备份和还原(Windows 7)"还原

备份完成后,如果系统出现了问题,或者文件被删除了,可以使用还原功能进行还原。

步骤 01 按照之前介绍的步骤进入到"备份和还原(Windows 7)"界面中,单击"还原我的文件"按钮。

步骤 02 在弹出的对话框中，单击"浏览文件"按钮，如下左图所示。

步骤 03 找到并选择需要还原的文件或文件夹，单击"添加文件"按钮，如下右图所示。

 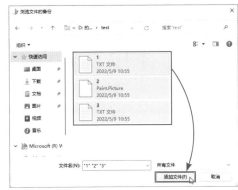

步骤 04 可以继续选择其他的文件或文件夹，完成后单击"下一页"按钮，如下左图所示。

步骤 05 选择保存的位置，默认选择"在原始位置"，单击"还原"按钮，如下右图所示。

误删除的话，可以还原到原始位置，如果硬盘出现坏道，建议还原到其他位置。

还原的位置有没有什么需要注意的？

步骤 06 成功还原后，会弹出成功提示，到对应文件夹查看恢复后的文件。

▶ 7.4 使用系统映像备份和还原系统

系统映像可以备份整个系统分区中的所有文件，在系统发生故障无法进入系统时，用来恢复整个系统和所有系统分区中的数据。该工具非常实用。下面介绍系统映像的创建和使用步骤。

▶ 7.4.1 系统映像的创建

系统映像可以在使用"备份和还原（Windows 7）"功能时创建，也可以单独创建。下面介绍独立创建系统映像的方法。

可以，但正常情况下主要备份的是系统分区。考虑到镜像需要占用不少硬盘空间，其他分区只备份重要文件即可。

可以备份所有分区吗？

步骤 01 按照前面介绍的方法进入到"备份和还原（Windows 7）"界面，单击左侧的"创建系统映像"链接，如下左图所示。

步骤 02 选择映像保存的位置，单击"下一页"按钮，如下右图所示。

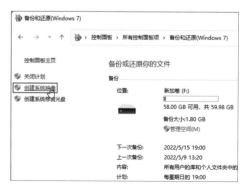

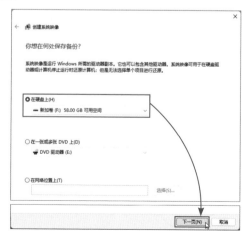

步骤 03 选择备份的内容，默认备份EFI系统分区，包括系统分区的所有内容。如果还要备份其他分区，可以继续选择，单击"下一页"按钮，如下左图所示。

步骤 04 确认备份的内容后，单击"开始备份"按钮，如下右图所示。

步骤 05 备份完成后会提示是否创建恢复光盘，单击"否"按钮，如下左图所示。

步骤 06 可以到备份的位置查看备份文件夹，如下右图所示。

▶ 7.4.2 使用系统映像还原系统

系统映像的还原功能不能在系统工作时使用，需要特殊的环境，也就是前面介绍的"高级启动"。按住"Shift"键，执行重启操作，进入"高级启动"界面。

步骤 01 在主界面中，单击"疑难解答"按钮，如右图所示。

步骤 02 单击"高级选项"按钮，如下左图所示。

步骤 03 单击"查看更多恢复选项"按钮，如下右图所示。

步骤 04 单击"系统映像恢复"按钮，如下左图所示。

步骤 05 默认使用最新备份的系统映像，也可以手动选择所需的其他系统映像，单击"下一页"按钮，如下右图所示。

步骤 06 保持默认状态，单击"下一页"按钮，如下左图所示。

步骤 07 确认还原的信息，单击"完成"按钮，如下右图所示。

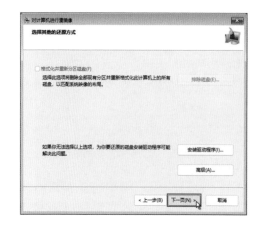 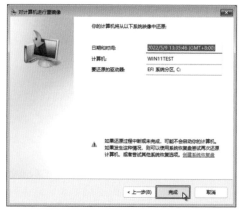

步骤 08 系统弹出警告提示，确认后单击"是"按钮，如下左图所示。

步骤 09 系统启动还原，时间根据C盘的大小而定，完成后会自动重启，并进入到系统中。在还原过程中，用户不要断电或重启电脑，如下右图所示。

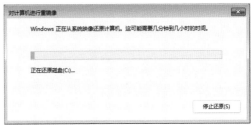

▶ 7.5 重置系统

在系统发生了重大事故无法通过各种备份还原，或者受到病毒的影响无法正常工作，但是可以进入到系统中，而用户又不会重装系统时，可以使用系统重置功能。与手机恢复出厂设置类似，使用重置功能可使电脑恢复到刚安装好操作系统的状态，所有用户安装的软件都会丢失，所以该功能需谨慎使用。

毕竟是系统的功能，如果系统出现问题，有可能造成重置失败，此时可以尝试通过升级安装修复或通过安装U盘重装系统。

系统重置失败怎么办？

步骤 01 使用"Win+I"组合按钮进入"设置"界面，找到并单击"恢复"选项，如下左图所示。

步骤 02 找到并单击"重置此电脑"后的"初始化电脑"按钮，如下右图所示。

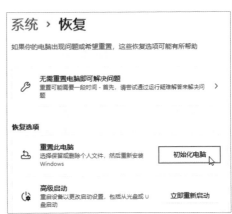

步骤 03 弹出初始化向导，首先选择是否保留个人文件，单击"保留我的文件"按钮，如下左图所示。

步骤 04 选择重新安装的方式，单击"本地重新安装"按钮，如下右图所示。

云下载要从官方系统中下载操作系统后再安装，比较稳定。本地重新安装则效验并使用本地系统文件，可能会失败。

这两种重装方式有什么区别？

步骤 05 系统提示会还原应用和设置并重新安装Windows，单击"下一页"按钮，如下左图所示。

步骤 06 最后会提示用户可以初始化电脑，单击"重置"按钮启动重置，如下右图所示。

知识拓展 　　查看要删除的程序

重置后，很多应用会被删除，可以在右上图中单击"查看将删除的应用"链接，系统将会列出会被删除的程序，如右图所示。查看过记录后，可以单击"后退"按钮返回上一级界面。

步骤 07 接下来将启动重置过程，在重启电脑后安装系统，如下左图所示，期间会自动进行文件的备份和操作系统的安装，如下右图所示。整个过程不需要用户干预，完成后就可以登录系统查看恢复结果了。

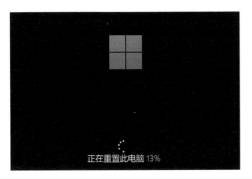

7.6　注册表的备份和还原

Windows操作系统有个关键的组件叫作注册表，用来存放系统中所有重要的功能参数。它就像一个大型的开关柜，负责所有系统功能的开启及关闭。系统在启动时，会读取注册表中的参数和信息，来配置系统状态。注册表的功能非常强大，如果发生了问题，会导致系统工作状态的异常或功能的缺失，所以需要定期对注册表进行备份，在系统出现问题后，通过还原注册表解决系统故障。

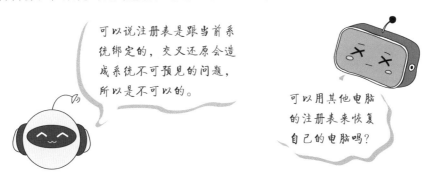

这里使用的工具是"Wise Registry Cleaner"，它是一款小巧的注册表清理优化工具，具有注册表清理、系统优化、注册表备份和还原等功能。

▶ 7.6.1　备份注册表信息

可以到官网下载该软件，下面介绍使用该软件进行注册表备份和还原的操作。

步骤 01 安装后启动该软件，如果第一次运行，会弹出备份的提示，单击"是"按钮，如下左图所示。

步骤 02 在弹出的"备份"界面中，单击"创建完整的注册表备份"按钮，如下右图所示。

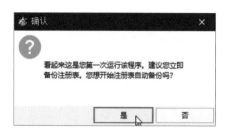 

步骤 03 接下来软件会自动进行注册表的备份，并压缩以节约空间，如下左图所示。

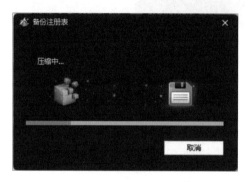

知识拓展

手动备份

其他时间的备份，可以从"菜单"中找到并选择"备份"选项，如下图所示，进行手动备份。

▶ 7.6.2 还原注册表

如果注册表发生了异常，可以通过该软件还原注册表。

步骤 01 打开软件，从"菜单"中选择"还原"选项，如下左图所示。

步骤 02 选择备份的注册表时间，单击"还原"按钮，将当前的注册表还原到该备份的状态，如下右图所示。

步骤 03 还原完毕，用户应重启电脑查看还原效果。

7.7 使用 PE 对系统进行灾难恢复

前面介绍了PE，也介绍了在PE环境中分区及部署操作系统的操作。下面介绍一些常见的，使用PE对系统进行维护的操作。

7.7.1 恢复误删除的文件

在使用电脑的过程中，经常会出现误删除文件的情况。可以进入到PE环境中，尝试进行恢复。

（1）误删除文件恢复的原理

清空的回收站中的文件或者选中文件后使用"Shift+Delete"彻底删除的文件，一般来说是无法找回的。但其实这些文件并没有从硬盘上消失，简单来说，彻底删除文件后，该文件在硬盘上的存储位置会被做上标记，表示可以擦除。再有数据需要存储时，就可以直接覆盖该位置，这样以前的数据就彻底不见了，也就无法恢复了。如果没有被新的数据覆盖，可以通过一些特殊软件对硬盘进行扫描，重新发现这些数据，按顺序组织合并后提取出来，就可以得到完整的被删除的文件了。

误删除文件的恢复，在原理上是可行的，但前提是数据一定不能被覆盖。这里重申一遍，任何数据恢复工具都无法保证100%地恢复数据，所以重要的数据一定要按时进行备份，毕竟数据的重要性是无法用价格衡量的。

误删除后，用户需要立刻切断电脑电源，防止数据位置被新数据覆盖。接下来将硬盘交给专业人士进行恢复。有技术的用户也可以尝试自己手动恢复。

在误删除发生后，需要怎么操作？

（2）使用EasyRecovery对数据进行恢复

EasyRecovery是一款操作简单、功能强大的数据恢复软件,可以从硬盘、光盘、U盘、数码相机内存、手机内存等各种存储介质中恢复被删除或丢失的文件。为了测试效果，在电脑中创建3张图片并将其彻底删除。

步骤 01 关闭电脑，使用PE启动U盘启动电脑到PE环境中，从"开始"菜单中找到该软件，双击启动，如下左图所示。

步骤 02 保持默认的语言，单击"OK"按钮，如下右图所示。

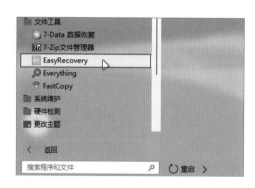

步骤 03 启动该软件后，会自动启动向导功能，单击"继续"按钮，如下左图所示。

步骤 04 选择要恢复的文件所在的介质的类型，这里选择"磁盘驱动器"，单击"继续"按钮，如下右图所示。

步骤 05 选择被删除文件所在的分区，单击"继续"按钮，如下左图所示。

步骤 06 从恢复方案中找到并单击"删除文件恢复"按钮，单击"继续"按钮，如下右图所示。

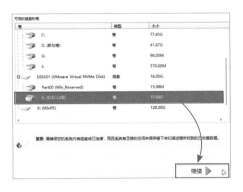

知识拓展

恢复软件的使用

类似的恢复软件还有很多，在PE环境中，也可以使用DiskGenius进行数据的恢复。这类恢复软件的恢复原理相同，操作方法也基本相同。

步骤 07 确定参数后，单击"继续"按钮，如下左图所示。扫描后，显示所有删除的内容，如下右图所示。

步骤 08 在搜索框输入".jpg"，单击"搜索"按钮，从结果中筛选出所有的图片文件，可以看到刚才彻底删除的图片文件，如下图所示。

PE会在内存中运行，不会使用硬盘，也就降低了数据被覆盖的风险，而且PE中自带的很多恢复工具可以直接使用，非常方便。

为何一定要进入PE系统进行数据恢复呢？

步骤 09 选中所有图片，单击鼠标右键，选择"另存为"选项，如下左图所示。

步骤 10 选择保存位置后，单击"保存"按钮，如下右图所示。接下来软件会将文件保存到该位置，恢复完成后，可以到该位置查看恢复的效果。

▶ 7.7.2 账户密码的清空和重置

PE的另一大作用就是可以使用其中的工具清空Windows密码。主要是针对本地账户密码的清空。

步骤 01 找到"NTPWEdit"或"Windows密码修改"程序的图标，双击启动程序，如下左图所示。

步骤 02 如使用NTPWEdit，单击"打开"按钮，让软件读取SAM文件夹中的内容，如下右图所示。

用户密码在计算机中是以加密的方式存储的，而且这种加密不可逆，所以大部分这类软件只能进行密码的清空而不能查看。

不能直接读取密码并修改吗？

知识拓展

SAM 文件

SAM（security account manager，安全账号管理器）是Windows的用户账户数据库，所有用户的登录名、ID号及口令等相关信息都会保存在这个文件中。通过软件可以修改SAM文件的内容，但只能删除或清空密码，无法查看密码内容。

步骤 03 选中需要清空密码的账号，单击"修改密码"按钮，如下左图所示。

步骤 04 要求设置新密码，不要填写，单击"确认"按钮，如下右图所示。

步骤 05 单击"保存修改"按钮，如右图所示，清空SAM文件中对应账号的密码。为了保证成功率，用户可多操作几次。

解锁账户

除了清空密码外，该软件还可以解锁账号的锁定状态，让该账号可以登录Windows，如administrator或其他的账户。选中要解锁的账户后，单击"解锁"按钮即可，如下图所示。最后，别忘了保存修改。

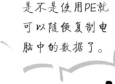

确实，所以电脑主机一定要存放在安全的位置。不过，Windows也提供了Bitlocker加密来防止这种情况，有兴趣的用户可以了解一下。

是不是使用PE就可以随便复制电脑中的数据了。

除了以上介绍的内容，在PE环境中，还可以使用DG对硬盘进行分区，使用该PE部署操作系统，如下左图所示。如果PE含有网络功能，还可以在PE中浏览网页（如下右图所示）、编辑文档、下载系统和软件、进行远程控制等。

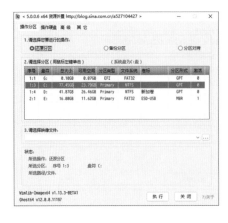

\\ 专题拓展 //

使用 PE 修复系统引导

如果系统出现了问题，可以使用PE环境中的软件进行修复。

步骤01 启动PE，从"开始"菜单找到并启动"Windows 引导修复"，如下左图所示。

步骤02 选择引导分区所在的盘符，可以查看"此电脑"确定盘符，笔者的引导分区是G盘，为100MB，所以在这里输入"G"，如下右图所示。

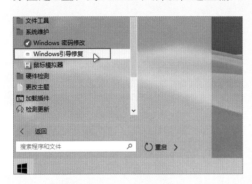 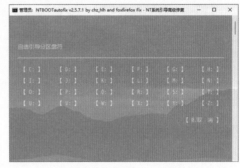

步骤03 单击"1"就启动引导修复了，如下左图所示。引导修复过程如下右图所示。

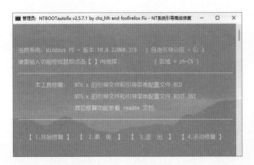 

除了该软件外，还有其他的软件可以修复，操作方法类似，如下左图所示，输入引导分区和系统分区的盘符，单击"开始重建"就可以修复了。双系统修复的话，不用勾选"清除旧的引导目录和文件"。还有其他操作更简单的软件，如下右图所示。另外，还可以用命令修复。

玩转电脑，
而不被电脑玩

第 **8** 章

电脑的清理及优化

本章重点难点 ➤

- 电脑的清理
- 对电脑进行优化
- 使用第三方软件优化电脑
- 磁盘碎片整理
- 使用第三方软件清理电脑

电脑使用久了会产生各种垃圾文件，包括各种临时文件、缓存文件、升级残留文件、磁盘碎片等，不仅占用硬盘的空间，而且增加了电脑运行时的负担，造成电脑的卡顿。另外，电脑默认的一些设置并非适合所有的人，可以按照用户的使用习惯，通过优化设置让电脑使用起来更有效率。本章将着重介绍电脑的清理及优化相关知识。

首先，在学习本章内容前，
先来几个问题热热身。

清理及优化电脑的目的是让电脑始终保持在一个健康的运行状态，可以高效地完成我们布置的各种工作。

热身问题

初级： 电脑变卡了用什么方法恢复最有效？

中级： 软件在开机时启动对电脑有什么影响？

高级： 为什么系统分区越用越小已经变成了红色？

参考答案

初级： 可以清理和优化电脑，效果不好的话还可以通过重装系统解决。如果重装系统都没有用，说明硬件已经无法满足系统需要，建议更换电脑。

中级： 会占用系统资源，还会拖慢开机速度。所以除了系统必需的程序，可以禁用其他第三方软件和系统非必要软件的开机启动。

高级： 除了C盘分区时设置得过小外，不良的使用习惯也是原因。如将所有程序全部安装到C盘，不仅占用空间，而且软件运行时产生的缓存也会在系统分区。一些流氓软件也会自动下载无用文件。有些用户将很多大文件直接放在桌面，其实桌面也是C盘的一部分，也会占用C盘的空间。所以，要定期清理及优化电脑，并且养成良好的电脑使用习惯，才能让电脑保持高效的运行状态。

良好的电脑使用习惯的养成，可以降低电脑故障的发生概率，提高电脑工作效率、延长电脑使用寿命。

▶ 8.1 电脑的垃圾文件清理

电脑的垃圾文件清理不需要每天都做，在发现电脑突然卡顿、速度变慢、C盘变成了红色等异常情况时，可以通过清理垃圾文件来增加可用空间，提高电脑的速度。

▶ 8.1.1 使用系统自带工具清理电脑

在Windows中，可以使用系统自带的工具清理Windows更新、传递优化文件、缩略图缓存等。使用系统自带的工具清理电脑可以避免误删除系统文件造成电脑无法开机的情况。下面介绍具体的操作步骤。

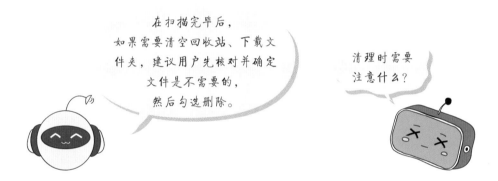

步骤 01 使用 "Win+I" 组合键启动 "设置" 界面，在 "系统" 界面中，单击 "存储" 选项，如下左图所示。

步骤 02 系统会扫描并统计磁盘使用情况，单击 "临时文件" 按钮，如下右图所示。

步骤 03 勾选需要清理的内容，单击 "删除文件" 按钮，如下左图所示。

步骤 04 系统会自动查找并删除所有的临时文件，完成清理后，如下右图所示。

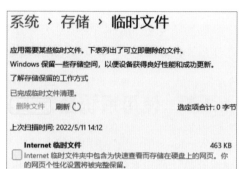

▶ 8.1.2 设置存储感知

存储感知的作用就是自动统计电脑中的临时文件和其他不需要的文件，并定期清理这些文件以达到自动释放空间、增加系统可用性的目的。下面介绍设置存储感知的操作步骤。

步骤 01 按照前面介绍的步骤进入到"存储"界面中，找到并开启"存储感知"的开关，如下左图所示。

步骤 02 单击"存储感知"选项，进入到配置界面，配置存储感知运行的频率以及清除的内容等，如下右图所示。

步骤 03 配置完毕后，单击最下方的"立即运行存储感知"按钮来启动清理，如下左图所示。完成后，会有提示，如下右图所示。

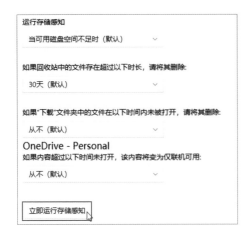

▶8.1.3 清理其他驱动器

默认的清理只针对C盘，如果要清理其他的分区或其他驱动器，可以按照下面的方法进行。

步骤 01 在"存储管理"界面中，展开"高级存储设置"选项，选择"其他驱动器上使用的存储空间"选项，如下左图所示。

步骤 02 在弹出的界面中，单击其他分区或驱动器，如"D："，如下右图所示。

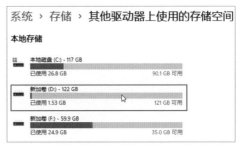

步骤 03 弹出的界面显示了各种功能占用磁盘的大小，单击"其他"按钮，如下左图所示。

步骤 04 系统分析"其他"占用磁盘空间的大小，如下右图所示，用户单击并进入D盘后，可以手动删除文件。

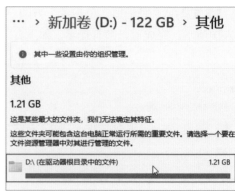

▶ 8.1.4 删除不用的软件

除了清理临时文件外，删除不使用的软件也可以腾出大量的可用空间。在Windows 11中，可以通过"添加或删除程序"功能来删除软件。在清理界面中，也有删除软件的提示和入口。

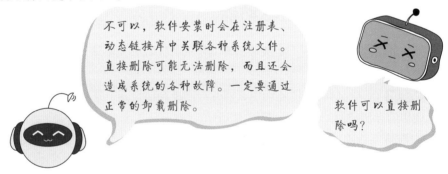

不可以，软件安装时会在注册表、动态链接库中关联各种系统文件。直接删除可能无法删除，而且还会造成系统的各种故障。一定要通过正常的卸载删除。

软件可以直接删除吗？

步骤 01 使用"Win+S"组合键启动"搜索"对话框，输入关键字"添加或删除程序"，从搜索结果中单击"打开"按钮，如下左图所示。

步骤 02 在打开的界面中，单击"排序依据"后的"名称"按钮，选择"安装日期"选项，如下右图所示。

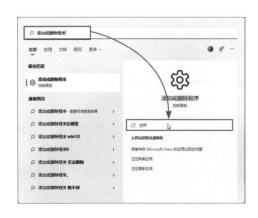

知识拓展　排序依据

按日期排序可以将最新安装的软件排列在前，以方便用户查找。另外，常用的是按照"大小"排序，可以将占用空间较多的软件删除。在"搜索应用"中输入软件的名称，可以快速地定位程序。"筛选条件"可以筛选不同驱动器中安装的软件，使查看更清晰。

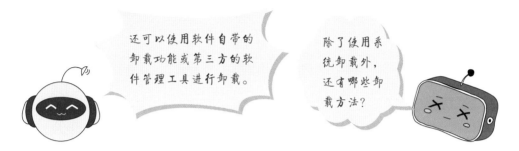

步骤 03 找到需要卸载的程序，单击其后的"🔲"按钮，从级联菜单中选择"卸载"选项，如下左图所示。

步骤 04 接下来会弹出确认提示，单击"卸载"按钮，如下右图所示。

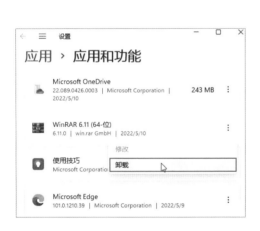

步骤 05 接着会调用该软件的反安装程序进行卸载操作，按照向导提示操作就可以完成卸载了。

▶ 8.1.5　磁盘碎片整理

Windows采用了随机存储的策略，这样在数据存储到磁盘的时候，容易产生数据碎片。存储位置的分散会增加磁盘的寻址时间，从而降低软件的启动速度和系统的运行速度。所以，定期进行磁盘碎片整理，可以整合碎片，提高磁盘的使用效率。

步骤01 打开"此电脑"，在磁盘上单击鼠标右键，选择"属性"选项，如下左图所示。

步骤02 在"工具"选项卡中，单击"优化"按钮，如下右图所示。

步骤03 在"优化驱动器"界面中，选择分区，单击"分析"按钮，如下左图所示。

步骤04 分析完毕，单击"优化"按钮启动优化，如下右图所示。

接着系统会自动进行碎片整理，并显示整理的进度，经过碎片整理与文件合并后，完成驱动器的优化。

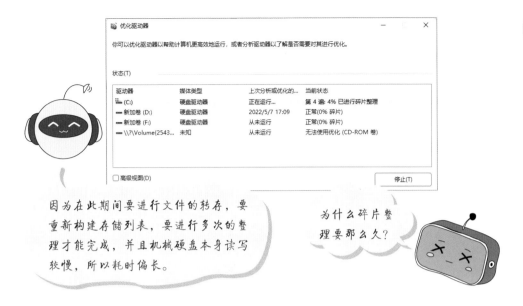

因为在此期间要进行文件的转存，要重新构建存储列表，要进行多次的整理才能完成，并且机械硬盘本身读写较慢，所以耗时偏长。

为什么碎片整理要那么久？

▶ 8.2 电脑的常见优化

电脑的优化可以让系统更有效率，更符合使用者的操作习惯；或者是在电脑的配置被错误修改后，将其还原成默认值。下面介绍一些常见的优化项目。

▶ 8.2.1 禁用软件的开机启动

很多软件会在电脑启动时运行，如系统必备的组件、服务和一些管理优化项目，都必须在开机时启动才能发挥功能。但很多非系统必要组件、第三方软件、流氓软件也会在开机时启动，一方面会拖慢开机速度，另一方面还会占用系统的资源，所以需要禁止这类软件开机启动。

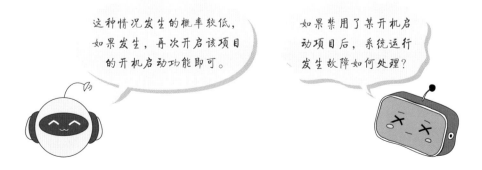

这种情况发生的概率较低，如果发生，再次开启该项目的开机启动功能即可。

如果禁用了某开机启动项目后，系统运行发生故障如何处理？

可以使用第三方软件管理电脑的启动项目，但其实也可以使用系统自带的功能来禁用软件开机启动项目，下面介绍具体的操作步骤。

步骤 01 使用"Win+I"组合键启动"设置"界面，选择左侧的"应用"选项，在右侧单击"启动"选项，如下左图所示。

步骤 02 在"启动"界面中，显示了全部的开机启动程序，有开启或关闭按钮以及禁用后对系统影响的大小的提示信息。比如，这里单击"Microsoft OneDrive"后的"开"按钮来关闭OneDrive的开机启动，如下右图所示。

知识拓展

从任务管理器中关闭开机启动程序

除了前面介绍的方法外，用户也可以使用"Ctrl+Shift+Esc"组合键启动"任务管理器"，从"启动"选项卡中找到程序，在其上单击鼠标右键，选择"禁用"选项禁用该程序的开机启动。

▶ 8.2.2 修改默认文件的保存位置

默认情况下，Windows自带程序、微软应用商店的应用、文档、音频、图片、视频和地图的保存位置都在C盘。电脑使用时间长了，会增加系统分区的负担，使C盘爆满。可将这些默认保存的位置转移到其他分区或其他驱动器来节约C盘空间。

步骤 01 使用"Win+I"组合键启动"设置"界面，从"系统"中找到并单击"存储"选项，如下左图所示。

步骤 02 展开"高级存储设置"选项，单击"保存新内容的地方"，如下右图所示。

步骤 03 如设置新应用的保存位置，单击"新的应用将保存到："下方的"本地磁盘（C:）"下拉按钮，选择"新加卷（D:）"，如下左图所示。

步骤 04 单击"应用"按钮，如下右图所示，完成位置的更改。

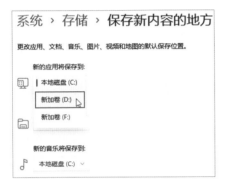
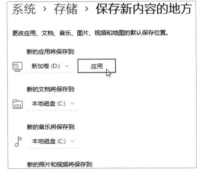

按照同样的方法，修改新的文档、音频、应用、图片和视频以及地图等的存储位置。

这里的新应用指的是通过微软商店下载的应用，而不是用户手动下载的安装包，并且也不是所有微软商店的应用都会安装到新位置。有些还是默认安装到系统分区。

这样调整以后，是不是所有新安装的程序都可以自动安装到指定的位置了？

▶ 8.2.3 修改文件的默认打开方式

文件名包括主文件名和扩展名，通过文件的扩展名，可以确定文件的打开方式。文件默认打开方式通常是不需要修改的。当然，用户也可以指定并修改文件的默认打开方式，这样双击文件就可以使用用户指定的程序打开文件了。

知识拓展 **文件名**

文件名包括主文件名和扩展名。主文件名用来标识文件，而扩展名用来标明该类型的文件的打开方式。如".rar"使用压缩软件打开，".jpg"使用图片查看和处理软件打开，".mp4"使用媒体播放软件打开等。

步骤 01 使用"Win+I"组合键打开"设置"界面，选择左侧的"应用"，从右侧找到并打开"默认应用"选项，如下左图所示。

步骤 02 在"默认应用"界面中，在搜索框中输入文件类型或文件扩展名，就可以搜索到该扩展名对应的打开程序。如搜索".avi"，单击"电影和电视"，如下右图所示。

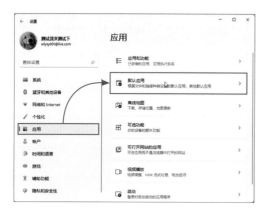

步骤 03 在弹出的列表中，可以选择其他打开此类文件的默认程序，如"Windows Media Player"，单击"确定"按钮，如下左图所示。

步骤 04 这样，以后双击扩展名为".avi"的文件时，就不会使用"电影和电视"打开，而是使用"Windows Media Player"程序打开，如下右图所示。

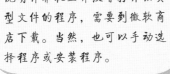

说明计算机上并没有打开该类型文件的程序，需要到微软商店下载。当然，也可以手动选择程序或安装程序。

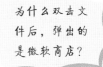

为什么双击文件后，弹出的是微软商店？

知识拓展

其他查找方式

除了以上方式外，还可以单击"默认应用"界面中的应用程序，查看该应用程序可以打开的文件类型，可以单击后进行更换，如下左图所示。在最下方，还可以通过文件类型和链接类型设置默认程序，还可以重置所有默认应用，如下右图所示。

▶8.2.4 系统个性化设置

对于Windows 11来说，很多操作都和Windows 10不同。下面介绍一些Windows 11的个性化设置，让系统更符合使用者的习惯。

（1）修改显示比例

对于视力不好的人来说，可以修改系统的显示比例，让界面显示得更大。下面介绍操作步骤。

步骤 01 在桌面上单击鼠标右键，选择"显示设置"选项，如下左图所示。

步骤 02 单击"缩放"选项后的"100%"按钮，选择"150%"，如下右图所示。这样，界面中图标和文字会变得更大，更方便查看。

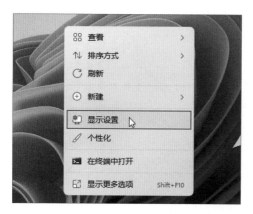

这是操作系统界面字体的调节，对于游戏来说，需要调整分辨率并调节游戏内部的视频显示设置。

为什么调节后游戏显示不正常啊？游戏字体也没放大啊？

知识拓展

仅增大字体显示

如果仅需要增大字体，可以从"辅助功能"中进入"文本大小"选项，然后拖动"文本大小"滑块直到得到满意的字体大小，单击"应用"按钮，如下左图所示，这样，界面中的字体就自动变大了，如下右图所示。

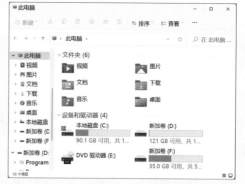

（2）"开始"屏幕的设置

"开始"屏幕就是单击"Win"键所显示的界面，其中有默认显示的程序、推荐的项目，下方是用户信息和关机选项。下面介绍"开始"屏幕的设置。

步骤 01 在桌面空白处单击鼠标右键，选择"个性化"选项，如下左图所示。

步骤 02 找到并单击"开始"选项，如下右图所示。

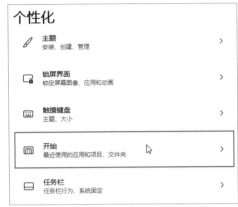

步骤 03 在"开始"界面中可以设置是否在"开始"屏幕显示"显示最近添加的应用""显示最常用的应用""显示最近打开的项目"。单击"文件夹"选项，如下左图所示。

步骤 04 在"文件夹"界面中可以打开在"开始"屏幕中显示的快捷按钮，如下右图所示。

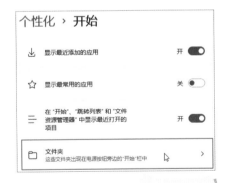

可以的，在图标上单击鼠标右键，可以排列顺序、固定或取消固定。

已固定和推荐的项目可以修改吗？

设置完毕，打开"开始"屏幕，可以看到在"电源按钮"旁增加了多个快捷按钮。

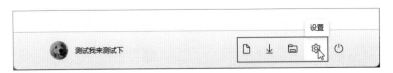

（3）任务栏的设置

默认在任务栏中显示了一些快捷图标，这些图标和位置都可以自定义显示。

在最新版本的Windows 11中，在任务栏上单击鼠标右键，就会出现启动任务管理器的选项。

必须要进入设置或使用快捷键才能打开任务管理器和任务栏设置吗？

步骤 01 在"个性化"界面中，找到并单击"任务栏"选项，如下左图所示。

步骤 02 在"任务栏项"中，可以开启或关闭系统默认的图标，如下右图所示。这些图标只能在这里开启或关闭，无法像其他图标一样可以删除或调整顺序。

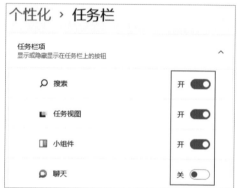

步骤 03 在"任务栏角图标"中，可以设置任务栏角落的显示内容，如下左图所示。

步骤 04 在"任务栏隐藏的图标管理"中，可以设置哪些任务栏角图标可以隐藏起来，如下右图所示。

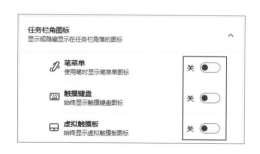

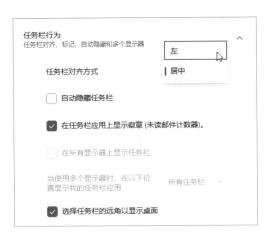

步骤 05 在"任务栏行为"中，单击"任务栏对齐方式"下拉按钮，选择"左"选项，如下图所示。

这样"Win"图标就会靠左显示了。另外，在此处还可以设置"自动隐藏任务栏""在任务栏显示未读信息标志""多显示器任务栏"以及右下角的"桌面"显示按钮。

（4）通知的设置

Windows 11的"通知"有时会影响用户的正常使用，可以关闭不需要的通知。下面介绍如何对通知进行设置。

在Windows 11最新版本中，可以启动"专注模式"，这样"通知"就会以静默方式运行，不会影响到用户的工作。

专注模式是什么？

步骤 01 在日期上单击鼠标右键，选择"通知设置"选项，如下左图所示。

步骤 02 "通知"界面上方有"通知"的总控制按钮，关闭后就收不到所有的通知了；在下方可选允许"通知"的程序，关闭后，对应程序就无法显示通知了，如下右图所示。

步骤 03 单击"通知"下拉列表，可以在其中选择是否在锁屏界面显示通知，是否允许提示音等，如下左图所示。

步骤 04 在界面下方可以设置是否显示设置设备的建议以及是否在使用时获取提示和建议，如下右图所示。

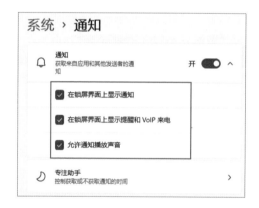

▶ 8.2.5　电源的设置

在使用台式机和笔记本时，默认的电源设置是在一定时间后关闭显示器，再经过一段时间将电脑变为睡眠状态。用户可以通过电源界面来修改这些参数。

睡眠时，只有内存工作，按键和鼠标都能快速唤醒。休眠时数据都保存到了硬盘上，但不耗电，唤醒较慢。休眠和睡眠唤醒都可以使计算机直接进入到工作状态。

睡眠和休眠有什么不同？

步骤 01 使用"Win+I"组合键进入"设置"界面，找到并单击"电源"选项，如下左图所示。

步骤 02 在"电源"界面中单击"屏幕和睡眠"，从下拉列表中选择关闭屏幕的时间以及进入睡眠的时间，如将睡眠的时间调整成"从不"，如下右图所示。

知识拓展

修改电源模式

"电源模式"是一组关于电源的设置集合，默认使用的是平衡模式，此外还有最佳效能和最佳性能选项。最佳效能牺牲了部分性能，但延长了笔记本的待机时间。最佳性能可以让电脑发挥出最大的性能，相对来说耗电量也会增大。所以，台式机可以选择最佳性能，而笔记本建议选择平衡模式。

▶ 8.2.6 调整视觉效果

Windows 11的透明和动画效果非常酷炫，但可能使很多老设备产生卡顿的现象，可以通过关闭这些效果，来提高运行的流畅度。下面介绍操作步骤。

步骤 01 使用"Win+S"打开"搜索"界面，输入关键字"视觉效果"并搜索，单击"打开"按钮，如下左图所示。

步骤 02 在打开的功能列表中，可以开启或关闭"透明效果"和"动画效果"，如下右图所示。

知识拓展

其他视觉效果设置

在这里还可以设置是否"始终显示滚动条"以及"通知"的关闭时间。

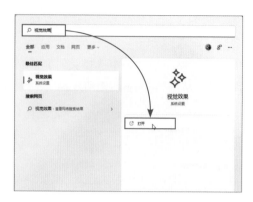

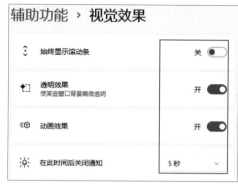

▶ 8.3 使用第三方软件对电脑进行清理和优化

使用系统自带的软件对系统进行优化，可以最大限度地降低产生兼容问题和误删的可能性。但很多第三方软件使用起来更加简单、省心，功能包括杀毒、清理电脑、管理弹窗等，非常适于新手用户使用。下面介绍在Windows中使用得比较广的第三方清理优化一体软件。

▶ 8.3.1 使用电脑管家对电脑进行清理和优化

腾讯电脑管家具有一键检测、优化系统、电脑杀毒、拦截弹窗、锁定主页等功能。下面介绍腾讯电脑管家清理和优化系统的方法。

（1）使用电脑管家进行清理

电脑管家的"安全扫描"可以全面地检查电脑，包括检查电脑设置问题、搜索电脑垃圾、对关键区域进行杀毒等，一键即可启动，非常方便。

默认勾选的内容是可以安全清理的，未勾选内容的需要由用户打开并确认后可删除。用户在删除内容时一定要确认，以免误删。

扫描出来的内容都可以删除吗？

步骤 01 启动电脑管家，在主界面中，单击"空间清理"按钮，如下左图所示。

步骤 02 在"一键清理"选项卡中，单击"一键扫描"按钮，如下右图所示。

步骤 03 扫描出垃圾文件后，单击"立即清理"按钮执行清理，如下左图所示。

步骤 04 清理完毕后，显示清理结果，单击"好的"按钮，如下右图所示。

（2）使用电脑管家进行全面杀毒

电脑管家可以对硬盘的文件进行全面的检测和杀毒，并且可以进行实时监控，发现病毒后及时隔离，为电脑安全保驾护航。

在主界面中，单击"安全扫描"按钮可执行杀毒，如下左图所示。稍等片刻后完成病毒的快速查杀，如果发现可疑项目，会提醒用户处理，如下右图所示。

弹窗拦截还有个功能是拦截截图，通过类似截图的功能将弹窗选定就可以开启拦截了，非常方便。

左下角弹窗，但不知道是什么程序，应该怎么办？

（3）使用电脑管家管理软件权限

腾讯电脑管家还可以对软件的权限进行管理，包括控制开机启动项目以及软件弹窗管理等，下面介绍如何操作。

步骤01 在主界面中，单击"权限管理"按钮，如下左图所示。

步骤02 在"开机启动项"选项卡中，可以查看到当前所有的开机启动项目，以及启动时允许的内容和允许的状态。如果要禁止某个程序开机启动，可以单击对应程序后的功能开关禁止其开机启动，如下右图所示。

步骤03 在"软件弹窗拦截"选项卡中，可以查看到所有的弹窗软件以及是否拦截其的功能开关，开启开关即可实现弹窗拦截。

步骤04 开启"软件安装提示"，会在软件启动安装时提醒用户。切换到"软件安装提示"选项卡，可以查看到拦截以及允许的记录。

（4）电脑管家的其他管理功能

除了以上功能外，还可以使用电脑管家的"软件市场"功能来管理软件，包括安装、升级、卸载等，如下左图所示。在"电脑诊所"中，还有各种常见故障的一键修复功能，如下右图所示，非常实用。

腾讯电脑管家的桌面小火箭，还可以一键清理内存。另外，腾讯电脑管家还支持远程协助，可以和其他安装了腾讯电脑管家的用户互动。

通过电脑管家可以快速搜索需要的程序，比较安全。还可以查看软件信息。卸载时，可以自动删除残留文件等，更方便。

电脑管家的功能和添加或删除程序有什么不同？

▶ 8.3.2 使用Windows 11 Manager对电脑进行清理和维护

Windows 11 Manager是专门用于Windows 11的系统优化软件，它包括了40多个不同的实用程序用来优化、调整、清理、加速和修复Windows 11，可以让系统运行速度更快，消除系统故障，提高系统的稳定性和安全性，使Windows 11更具个性化。

（1）清理电脑

该软件的清理功能，可根据用户的设置扫描指定的内容，使用起来非常方便。

步骤 01 在主界面中，单击"一键清理"按钮，如下左图所示。

步骤 02 选择需要清理的项目，单击"开始"按钮，如下右图所示。

步骤 03 选中需要清理的内容，单击"清理"按钮，如下左图所示。接下来还会扫描并清理注册表（如下右图所示），以及整理磁盘碎片。

（2）优化电脑

使用Windows 11 Manager的"优化向导"可以方便地对系统进行优化，以满足使用者的需求。下面介绍优化的操作方法。

步骤 01 在主界面中单击"优化向导"按钮，如下左图所示。

步骤 02 向导共分为12步，每一步都有提示，并且会调用自带工具或系统工具让用户来设置。在页面中还有选项，非常方便，如下右图所示。

步骤 03 如果要禁用UAC，则勾选"禁用用户账户控制（UAC）"，单击"下一步"按钮，如下左图所示。

步骤 04 勾选需要优化的项目，单击"下一步"按钮，如下右图所示。

步骤 05 优化SSD，如下左图所示，完成后单击"下一步"按钮。

步骤 06 启动卸载器卸载不需要的程序，如下右图所示。

步骤 07 在弹出的界面中，可以禁用开机启动项目，如下左图所示。

步骤 08 管理任务计划，可以禁用、删除、运行任务计划，如下右图所示。

 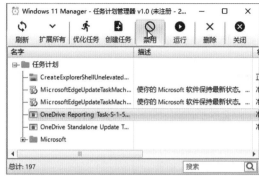

步骤 09 管理系统服务，可以查询服务的作用，可以停止、删除、备份服务，如下左图所示。

步骤 10 接下来弹出垃圾文件清理器，可以扫描所有的临时文件，可以清理选中的目录以及文件，如下右图所示。

 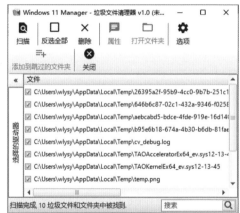

接下来会清理注册表。"优化向导"功能非常全面，如果用户不知道如何操作，可以关闭弹出的子程序并进行下一步即可。

除了清理垃圾和优化系统外，该软件还可以创建还原点、查看系统信息、实时监控硬件、切换IP地址、管理无线、监控网络、恢复删除的文件、锁定系统、管理右键菜单、管理热键、清理桌面等。其功能强大且使用方便，适合有一定基础的电脑爱好者使用。

专题拓展

为 Windows 11 变脸

对经常使用Windows 10的用户来说，Windows 11的改变比较多，不太容易上手，尤其是桌面环境和操作方法。用户可以通过第三方软件将Windows 11桌面变成传统的Windows 10桌面，然后逐步适应Windows 11的改变。这里使用比较常见的"StartAllBack"。

步骤 01 下载并安装StartAllBack后，其会自动运行，Windows 11的界面变成了熟悉的样式，如下左图所示。

步骤 02 在弹出的软件主界面中，可以设置主题，默认是"正宗11"，还可以切换到"相识10"或"重制7"，如下右图所示。

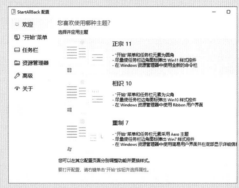

步骤 03 在"'开始'菜单"选项卡中，可以设置"开始"屏幕样式，如下图所示。

步骤 04 在"任务栏"选项卡中，可以设置任务栏样式、位置、图标大小、是否居中、是否合并按钮等，如下左图所示。如果勾选了"动态透明效果"，则任务栏变为透明，如下右图所示。

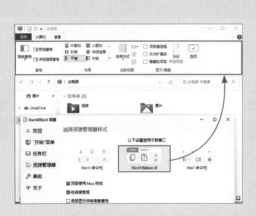

步骤 05 在"资源管理器"选项卡中，通过配置可以在Windows 11中实现 Windows 10的窗口菜单，如下左图所示。

步骤 06 在"高级"选项卡中，还可以自定义"'开始'菜单"和"任务栏"的 颜色，并且可以清空列表，如下右图所示。

可以在"高级"选项卡中勾选"为当前用户禁用该程序"，如下左图所示，注 销或重启后，界面会恢复成默认状态。在控制面板中才能找到该程序的启动图标， 如下右图所示。

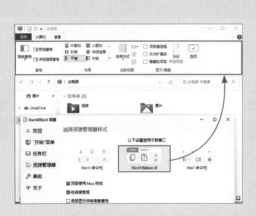

第 **9** 章

家庭局域网的组建与维护

本章重点难点

局域网的结构　　家庭局域网的设备

家庭局域网的连接和设置

家庭局域网常见故障的排查和处理

经过多年的发展，网络已经遍及生活和工作的方方面面，操作系统、应用软件和各种App都非常依赖网络。所以，现代人需要了解基本的网络知识。本章将介绍最常见的网络——家庭局域网的组建和维护。通过本章的学习，读者可以自行组建和维护适合自己的家庭局域网。

首先，在学习本章内容前，
先来几个问题热热身。

热身问题

家庭局域网和小型公司局域网的设备及结构基本相同，适用面较广。

初级： 你所认识的网络设备有哪些？

中级： 为什么手机连接到了无线网还是不能上网？

高级： IP地址能显示具体的家庭位置吗？

参考答案

初级： 包括光纤猫、路由器、网卡、交换机等。

中级： 手机连接到无线网，说明手机和无线路由器之间传输数据是没问题的，但路由器如果没有连接到Internet，那么用户的手机也是无法正常上网的。

高级： 这里的IP地址不是局域网内部的IP地址，而是路由器获取的公网IP地址。IP地址本身和位置是没有关系的，是上网必需的寻址参数。因为每个地区分配的IP地址在一个统一的地址池中，所以才有了与地理位置对应的IP地址数据库，才可以通过IP地址确定省、市。IP地址是动态的，每次重启路由器都会换一个，所以只有记录了每一次用户获取的IP地址和光纤猫的对应数据库，并且有光纤猫的物理安装地址数据库，才可以定位出更精确的坐标。

接下来从认识局域网的结构和设备开始，一起来进入局域网的世界吧。

▶9.1 局域网简介

局域网是在一个相对小的范围内（一般不超过10公里），通过局域网技术，将计算机、网络设备、网络终端连接起来组建而成的网络。其主要实现共享上网、共享文件、共享打印、远程管理等功能。局域网属于计算机网络的一类，大大小小的局域网通过各种网络设备和技术互相连接起来就组成了大型网络。

▶9.1.1 局域网的特点

相对来说，局域网的私有性较强。因为范围较小，所以其传输速率更快，性能也更稳定，组建成本相对较低，技术难度不高。现今很多局域网都加入了无线技术，组建而成的就是无线局域网。家庭或小型公司的无线局域网的结构和设备基本相同。如下图所示，是比较完整的小型局域网结构，当然实际使用的一般是其简化版，用不到那么多设备。而大中型企业的局域网技术相对要更复杂一些，用到的设备和技术也更加专业。

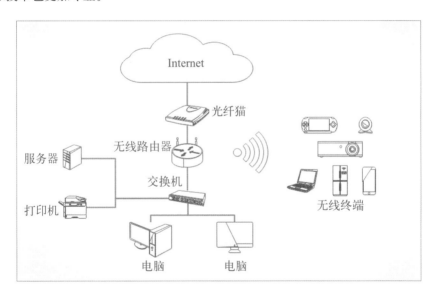

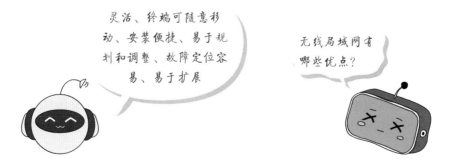

灵活、终端可随意移动、安装便捷、易于规划和调整、故障定位容易、易于扩展

无线局域网有哪些优点？

在学习组建局域网前，需要了解局域网的一些常用术语。

（1）IP地址

IP地址属于TCP/IP的一部分，是网络通信所必需的网络参数，可以理解成门牌号，互相收发信件时必须知道并填写对方的门牌号，信件才能寄到。IP地址常见的格式是A.B.C.D，如192.168.1.1、192.168.0.1等。这种地址叫作IPv4地址，现在已经不够用了，目前，IP地址正处于更换为支持更多地址的IPv6地址的过程中。

（2）内网IP与外网IP

也可以叫内部IP和外部IP，主要解决IP地址不足所产生的问题。正常情况下，使用外网IP网络设备相互间可以通信。但由于全球设备较多，IPv4地址已经分配完了，但通信仍然要使用IP地址，所以就产生了NAT，很多设备共用一个外网IP，在内部使用相同的地址段，在出口处进行转换，就可以进行设备间的通信了。这就是每个局域网获取的IP地址都是内网的192.168.×.×，但仍然可以互相通信的原因。

（3）子网掩码

NAT可以解决IP地址不足的问题，但内网中如果设备较多，就需要分组了，这就需要另一个网络参数——子网掩码将内部IP进行分组。其实整个IP地址也需要分类，所以都必须带有子网掩码。常见的子网掩码如255.255.255.0。

（4）网关

局域网的设备较多，需要指定数据的出口，也就是获取到外网IP的那台路由器，该路由器就叫作网关。网关的作用是帮助其他设备将数据包转发到目的地，所以指定网关IP地址也是上网时必须的。

（5）TCP/IP

协议是协议方的一种约定，落实到局域网上，现在使用最多的就是TCP/IP。可以简单理解为TCP/IP规定了在网络上传输数据需要采用什么数据格式，满足什么条件，出错了怎么办，怎么寻找目的地，数据收到了怎么处理等具体的条款。无论什么设备，只要满足该协议的要求，就可以互相读懂对方的意思，也就是可以互相通信了。当然，在局域网和广域网传输中，还有很多其他协议，但TCP/IP是现在使用最多的网络通信协议。

（6）计算机网络的分类

计算机网络按照覆盖范围划分成局域网、城域网与广域网，其采用的技术和特点各不相同。其中，广域网范围最大，人们日常接触的Internet就是广域网的一种。

▶ 9.2 家庭局域网常见设备

上一节的家庭局域网拓扑图中有很多网络设备，下面介绍这些网络设备的功能和作用。

▶ 9.2.1　光纤猫

猫的专业术语叫作调制解调器，也叫做Modem，负责信号的调节及转换。因为光纤中的光信号需要转换成电信号才能被电子设备处理，所以需要光纤猫的支持。

这是因为所使用的宽带接入技术不同，最早使用电话线，后来使用网线，现在是光纤。电话线和光纤都需要使用Modem转换信号。由于光纤通信的优势日益突出，所以现在使用最多的就是光纤猫。

为什么有些宽带是电话线路或者是网线啊？

光纤猫，如下图所示，属于运营商定制设备，互不通用，如果出现问题，可以找运营商进行维修和更换。因为光纤猫要在运营商处进行绑定和参数设置，所以无法像其他设备一样自行购买和更换。各大运营商提供的猫一般是普通的有线猫。有些猫还加入了路由器的功能，并且带有无线功能，可以叫作无线路由猫，不过由于设置的难度较高，一般仅将其作为普通有线猫来使用。

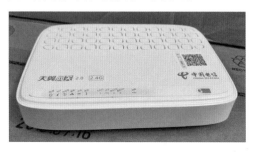

▶ 9.2.2 　无线路由器

作为局域网的网关，路由器的作用就是帮助数据包找传输路径。局域网其他设备将数据包发送给路由器，路由器通过一张路由表确定包所要到达的下一个节点，经过路由器的接力，将数据包最终交给了目标设备。

除了寻址外，家庭路由器的基本功能还包括宽带拨号、增加端口、DHCP分发网络地址、控制网速等。

家庭路由器除了寻址外，还有什么其他功能？

路由器是局域网的核心设备，无线路由器就是给有线路由器加入了无线功能，将路由器的传输从有线发展为有线、无线都支持，毕竟现在大部分终端都是无线终端。

知识拓展

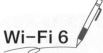

第6代Wi-Fi是最新的无线网络标准，传输速率非常高，最高可以达到9.6Gbit/s。要达到Wi-Fi 6的高速，需要路由器和网络终端同时支持Wi-Fi 6才可以。在挑选路由器时，一定要看清其是否支持Wi-Fi 6。另外，要确认在无线标准参数中有IEEE 802.11 ax的字样。

▶ 9.2.3 　交换机

一般路由器的接口较少，如果局域网有线设备过多，就需要集线设备的支持，该设备就是交换机。

描述交换机时常听到24口、48口，就是说交换机有24个或48个有线接口，可以连接对应数量的有线网络设备，并负责在其间高速转发数据。一般多口交换机主要用于企业，企业内部很多业务和服务器需要本地高速网络的支持，如FTP服务器、OA服务器、域服务器等。企业内部需要多设备、大规模的数据传输，所以交换机应用非常广泛。如果家中有很多有线终端，如智能家电、监控等，也需要配备交换。

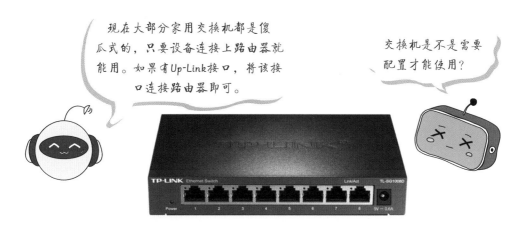

▶ 9.2.4　通信介质

　　局域网通信介质包括有线介质和无线介质。无线介质就是路由器和终端发出的无线信号，一般有2.4G和5G两个频段。其中，2.4G频段穿墙能力强，但信号容易被干扰，带宽一般；5G频段传输能力强，抗干扰能力强，但因为能量衰减较快，传输距离短，但带宽较大。

　　有线介质包括同轴电缆、双绞线、光纤等。局域网常用的网线就是双绞线，网线中共4对8根线，两两绞在一起，可以互相抵消电磁波，降低干扰，以保证数据的传输质量，如下左图所示。有些双绞线还加入了屏蔽层，叫做屏蔽双绞线，如下右图所示。双绞线的传输距离为100m左右，再远就需要在中间设置中继器等设备来放大信号，但最远只支持500m左右。

双绞线线序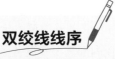

线序就是制作网线时，接头中8根网线的排列顺序。按照国际标准，分为T568A和T568B。常见的网线一般使用T568B标准制作接头。按照标准制作接头可以方便排查故障。

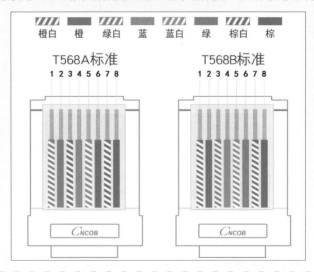

经过多年的发展，现今的网线主要有5类、超5类、6类、超6类、7类、8类等，主要区别在于可承载的网速。其中，5类网线正在淘汰，超5类网线传输带宽为100Mbit/s，在传输距离不长的情况下，可以达到1000Mbit/s；6类网线带宽为1000Mbit/s；超6类网线可以达到10000Mbit/s，也叫10Gbit/s；7类网线也可以达到10Gbit/s，且从7类开始，只有屏蔽网线而无非屏蔽网线了；8类网线分为2种，带宽分别可达25Gbit/s和40Gbit/s。建议家庭用户搭建网络时采用6类及以上网线，以适应以后的网络需求。

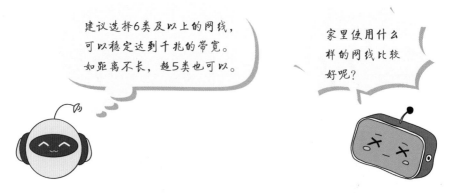

由于制作工艺的问题，建议普通用户购买成品跳线，如下左图所示。可以通过网络状态查看当前的带宽，如下右图所示，其中1.0Gbit/s就是1000Mbit/s的网速。

知识拓展

无法达到千兆带宽

很多用户的网络设备都支持1000Mbit/s的带宽，但实际使用时却达不到，就是因为忽略了介质，也就是网线。很多网线不达标或者过长，路由器和网卡协商后就会将网络带宽降低，所以只有100Mbit/s。此时，需要更换为标准的6类及以上网线。

▶ 9.2.5 网卡

网卡也叫做网络接口卡，主要负责发送和接收网络中的数据。因为电脑的网卡集成在了主板上，在背板上，可以直接用网线连接网络，如下左图所示。如果网卡损坏或者需要更高的网速，用户可以购买支持更高带宽的独立网卡，如下右图所示。

网卡的存在形式多种多样，叫法也不同，其实在手机或其他设备里网卡会以网卡芯片+天线的形式出现，常见到或提到的一般是电脑有线网卡。

为什么我的手机没有网卡也能联网啊？

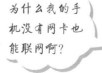

▶ 9.2.6　终端设备

以上介绍的都是用于局域网通信的设备和组件，主要负责数据的转发和传输，设置好后基本上不会进行调整。终端设备是使用这些网络设备和组件来进行通信的。常见的有线终端设备有电脑、服务器、打印机等。而无线终端设备就比较多了，包括手机、智能家电、智能家居设备、无线监控设备等，如下图所示。

知识拓展

服务器

服务器指在网络中为终端设备提供网络服务的特殊计算机。比如上左图中，是家庭局域网中常见的NAS设备，提供网络存储、网络下载等功能。在企业的局域网中，还有网页服务器、FTP服务器、DNS服务器等。

▶ 9.3　家庭局域网的硬件连接

局域网的组建包括硬件的连接和软件的设置，两者缺一不可。下面介绍家庭局域网的组建方法和注意事项。局域网的硬件连接可以参考本章最开始的拓扑图，需要注意连接的接口。

▶ 9.3.1　光纤猫和无线路由器的连接

光纤猫和无线路由器的连接比较简单，将网线的一段连接到光纤猫的LAN口，有些设备上标的是网口、千兆口、端口1等，颜色大多为黄色，如果不清楚，可以查看光纤猫说明书，或者直接询问或让安装人员帮助安装，如下左图所示。

网线的另一端连接路由器的WAN口，大多为蓝色，如下右图所示。现在有些路由器有3个接口，可以自行判断连接的设备类型，可以盲插。

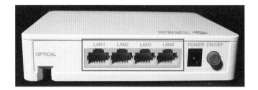

知识拓展 **跳线的选择**

前面介绍了不同网线所能承载的网络带宽，所以这里建议读者使用跳线，可以选择可靠的6类及以上的成品跳线。

现在很多新的路由器支持盲插功能，路由器接口随便连接，可以自动识别连接的是外网还是内网网线。用户可以阅读说明书进行连接和设置。

为什么我家的路由器没有蓝色接口？

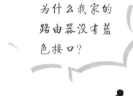

▶ 9.3.2　无线路由器与有线设备的连接

无线路由器和其他有线设备的连接也使用网线，一般网线一端连接无线路由器的LAN口，另一端连接其他设备的网络接口，如下左图所示。如果交换机有上行口，连接该接口，如下右图所示。

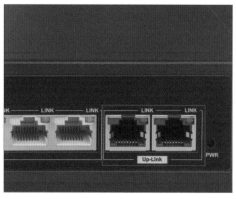

▶9.3.3 交换机与信息点的连接

如果家中使用了信息盒，房间墙上的网线面板，如下左图所示，通过墙内的网线连接到了信息盒中，一些有线终端也通过网线连接到信息盒中，那么可以将弱电箱中的网线直接接入交换机，如下右图所示。

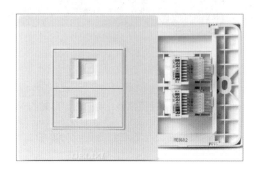 

▶9.3.4 有线设备连接信息点

电脑和其他有线设备可以使用成品跳线连接墙上的网线面板，如下图所示。

▶9.3.5 路由器与信息盒的位置

一般来说，所有弱电线都会在信息盒中汇集，包括入户的光纤。信息盒根据用户所使用的设备布置即可，记得预留强电接口给路由器和交换机供电。

这时无线路由器有两种布置方式。一种是将无线路由器安放在信息盒中，好处是在有线信息点数量较少的情况下，只要使用一台无线路由器就可以连接所有信息点。缺点是信息盒如果屏蔽效果非常好，无线信号就会比较弱。

另外一种是在客厅和信息盒之间布置两条6类线，将路由器布置在客厅，接法和前面介绍的一样，这样就必须有交换机的支持了。优点是无线信号优于路由器布置在信息盒中，缺点是需要额外的交换机，且需要提前在客厅和信息盒间布置2条网线。

如果条件允许，客厅等所有网络接入位置可以使用无线吸顶AP（如下图所示）或者面板AP连接到信息盒的AP控制器。这种方式效果好但是投入较大。

如果信号差的位置有信息点，可以通过安装一个无线路由器来扩展。可以使用Mesh有线+无线的方式组网，非常实用。

家里无线信号差，AP费用有点高，安装比较麻烦，还有没有更简单的方法？

9.4 家庭局域网的软件设置

硬件连接完毕后，设备需要进行网络参数配置才能正常工作。下面介绍家庭局域网中主要设备的网络配置。

9.4.1 无线路由器的配置

在家庭局域网中，无线路由器是核心设备，将其配置成功了，其他设备就可以上网了。

（1）初始化及上网配置

路由器根据品牌的不同，管理界面的进入方式和配置的位置可能不同。一般只要在路由器中配置好运营商给定的账号和密码并且成功拨号即可。可以使用电脑，也可以使用各种无线终端进行配置，下面以手机配置为例向读者介绍路由器的初始配置及拨号配置。

电脑用网线连接路由器后，按背后说明，通过浏览器进入到管理界面进行配置，不过没有手机配置便捷，但适用于各种情况。

如果用有线网怎么配置路由器？

步骤 01 启动无线路由器，用手机连接路由器的无线信号或者通过扫码连接，如下左图所示。无线信号名称可以参考路由器背面的说明。连接上后，打开手机浏览器，输入路由器背面的管理地址或域名以登录，如下右图所示。

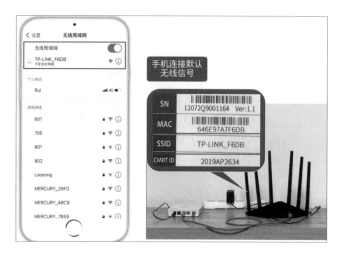

步骤 02 设置管理员密码，如下左图所示。

步骤 03 设置上网方式，一般选择"宽带拨号上网"或"PPPoE"，输入运营商给定的账号和密码，单击"下一步"按钮，如下右图所示。

知识拓展

其他上网方式

除了拨号上网外，路由器也支持连接其他路由器，可以设置为"HDCP"或"自动获取IP地址"。如果使用了固定IP地址，或者必须使用管理员给定的IP地址，则选择"固定IP地址"选项。

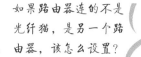

这种上网方式就不是PPPoE了，不需要拨号。选择"自动获取IP"方式，而且确定是不是要修改DHCP的设置，以免产生IP地址冲突。

如果路由器连的不是光纤猫，是另一个路由器，该怎么设置？

（2）无线参数的配置

无线参数的配置包括无线名称、无线密码和加密方式等。在"无线设置"界面中，输入无线名称和密码，单击"确定"按钮，如下左图所示，完成配置后，弹出成功页面，如下右图所示。

知识拓展

初次设置完毕后，如果要修改，可以进入到路由器管理主界面中，找到上网配置选项，手动重新配置即可。

（3）设置DHCP参数

DHCP是路由器主动给连接的网络终端分配IP地址的协议，正常情况下不需要更改。如果路由器属于其他路由器的下级，就需要修改分配的IP地址段，以免产生冲突。修改方法是进入到DHCP设置界面中，先修改路由器所在的地址段，也就是局域网IP地址，再修改分配的起始IP地址和结束IP地址。如上级路由器分配的是

192.168.0.×网段，就可以设置为192.168.1.×网段。

（4）管理连接的设备

路由器的控制包括控制连接的设备的网速，是否允许其联网，是否允许其访问路由器等。下面介绍常见的控制策略的设置。

步骤 01 在路由器管理界面中，单击连接的设备进入高级设置界面，如下左图所示。

步骤 02 进入设备的管理界面，可以限速，如下右图所示，还可以将其加入黑名单、禁止其访问路由器等。

路由器可以通过Reset按钮或系统内的设置恢复到出厂设置。如果故障仍出现，可以去官网下载并安装新的固件。

路由器出现故障怎么办？

步骤 03 在"禁止联网"中,可以禁止某设备连接网络,如下左图所示。在"访问控制"中,可以设置允许或禁止访问的网站,如下右图所示。

▶ 9.4.2　电脑网卡的设置

一般家庭的电脑网卡只要设置为DHCP自动获取,就能从路由器获取到IP地址等网络参数,从而正常上网。如果要手动设置固定的IP地址等网络参数,可以按照下面的步骤进行。

步骤 01 在桌面上的"网络"图标上单击鼠标右键,选择"属性"选项,如下左图所示。

步骤 02 在"网络和共享中心"中,单击"更改适配器设置"链接,如下右图所示。

 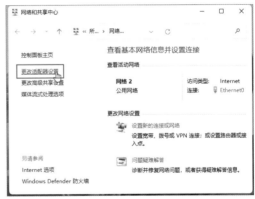

步骤 03 在网卡上单击鼠标右键,选择"属性"选项,如下左图所示。

步骤 04 选择"Internet协议版本4(TCP/IPv4)"选项,单击"属性"按钮,如下右图所示。

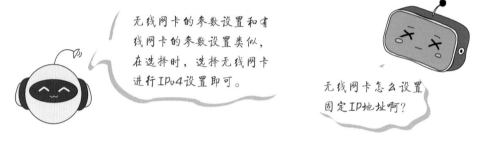

步骤 05 在弹出的界面中，按照网络管理员给予的网络参数进行设置即可。

▶9.5 家庭局域网的常见故障排查和处理

家庭局域网常见的网络故障有很多，包括无法上网、无法获取IP地址等。下面介绍一些家庭局域网的常见故障的排查和处理。

▶9.5.1 家庭局域网故障的排查思路

家庭局域网在运行中如果产生了故障，可以按照下面的步骤进行检查。

（1）检查终端设备

如果单纯某个终端无法上网，而其他终端可以上网，则是该终端的问题，可以重启该终端，然后检查该终端的网络参数设置。

（2）检查无线路由器

首先可以重启无线路由器，然后检查是否可以通过拨号获取到外网的IP地址。如果可以获取到，则检查DHCP分配是否有误、无线设置是否有误、是否在局域网中存在其他的DHCP设备造成了IP地址冲突和混乱。

（3）检查光纤猫

主要检查光纤猫是否有电，状态是否正常。如果不正常，关闭并等待一段时间再开机查看。如果仍不正常，则需要致电运营商报修。

光纤猫一般都有几种灯，如下左图所示，正常情况下，Power灯、PON灯绿色长亮。PON灯如果闪烁，说明正在注册，注册好后会长亮，如果一直是闪烁状态，则说明参数错误或无法与对端设备通信。LOS灯正常是熄灭状态，如果是红色，则说明光路中断，需要检查光纤线路。其他指示灯还包括连接其他设备的指示灯LAN，以及上网指示灯等，正常是绿色的。

（4）检查线路

检查网线，重点检查光猫和路由器之间的连接线，以及无法上网的有线设备和路由器之间的网线。如果使用了交换机，再检查交换机是否有电，状态指示灯是否正常。

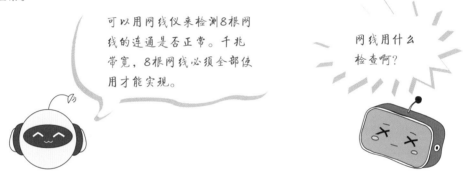

可以用网线仪来检测8根网线的连通是否正常。千兆带宽，8根网线必须全部使用才能实现。

网线用什么检查啊？

（5）查看电脑网卡

电脑网卡一般都有指示灯，一个绿色一个黄色，如下右图所示。绿色是连接指示灯，长亮表示物理线路正常；黄色是信号指示灯，黄色灯亮或闪烁代表通信正常及正在通信。如果黄色灯灭了，请检查电脑的IP设置、网卡驱动以及检查网卡本身是否有问题。如果绿灯不亮，请检查网络线路。

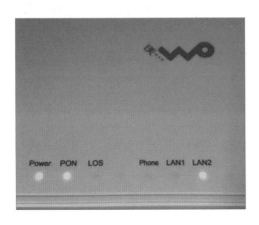

▶ 9.5.2 电脑无法上网的排查流程

如果电脑无法上网，需要重点检查以下几个项目。

（1）检查右下角的网络标志

如果右下角的网络图标带有红色叉号，代表网线没有连接好，需要更换或重新连接网线。如果是 ⊕ 标志，代表无法上网，需要检查其他设置。

微软的这个图标显示的机制是主机连接某服务器，能连接，则显示正常，如果无法连接，则显示该标志。其实有时是可以联网的，但无法解析连接的服务器，就会发生这种情况。

为啥我显示了该标志还能上网啊？

（2）查看当前的IP地址

查看IP地址的方法有很多，最简单的方法就是通过"命令提示符"查看。

步骤 01 查找关键字"cmd"，单击"打开"按钮，如下左图所示。

步骤 02 在弹出的"命令提示符"界面中，输入命令"ipconfig"并按回车，检查本机获取的IP地址，如下右图所示。

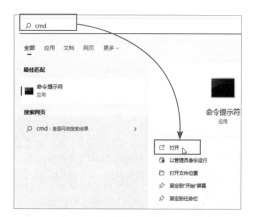

如果IP地址、子网掩码和网关都没有问题，说明可以正常上网。如果获取到的是169.254.×.×，则需要检查物理线路和路由器的DHCP设置。

可以使用命令"ipconfig/all"查看，也可以在"设置"中的"网络和Internet"里查看。

我想查看更详细的网络信息，如MAC地址、DNS服务器等怎么办？

（3）能获取IP地址却无法上网

如果IP地址没问题，但无法上网，可以检查DNS设置。DNS的功能就是将"www.×××.com"这种域名转换为IP地址，这样电脑才可以访问该网站。如果DNS出现问题，则会影响网站的访问。

此时需要先查看电脑是不是已经手动设置了DNS，将其变成自动获取IP地址即可。如果为自动获取IP地址，则检查路由器的设置，看是否是其获取的DNS出现问题，然后在"命令提示符"中使用"ipconfig /flushdns"来清空DNS缓存，查看问题是否解决。此时可以结合其他设备的检测结果来确定问题是电脑的还是路由器的。

知识拓展

Ipconfig 的其他参数

Ipconfig / relese可以释放IP地址，Ipconfig /renew可以重新获取IP地址。

可以使用命令"nslookup 域名"来查询该域名所对应的IP地址，如果无法解析，则说明DNS存在问题。

如何使用命令来检测DNS是否能正常解析？

（4）无线网络无法上网

无线网络无法上网，主要检查无线路由器。如果无线信号较差，可以检查当前无线使用的频段，一般近距离无遮挡可以使用5G频段，如果穿墙建议选择2.4G频段。

╲╲ 专题拓展 ╱╱

局域网共享的设置和访问

共享是局域网的功能之一，通过共享，可以方便地与其他设备进行资源的下载或上传。下面介绍在Windows 11中如何设置共享以及如何访问共享。首先要保证电脑间可以互相ping通，也就是保证电脑间可以正常通信。

（1）设置共享环境

首先需要设置共享环境，然后再发布共享。很多共享不成功就是由没有设置共享环境或共享环境设置错误所致。

步骤 01 在"开始"屏幕中，搜索"管理高级共享设置"功能并单击"打开"按钮。

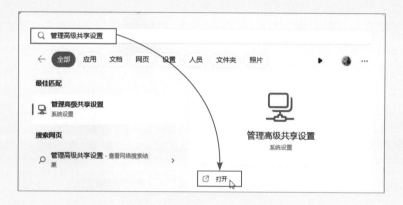

步骤 02 在"专用网络"和"公用网络"中，都启用"网络发现"及"文件和打印机共享"，如下左图所示。

步骤 03 在"所有网络"中，启用"公用文件夹共享"并关闭"密码保护的共享"，如下右图所示。

到这里，共享环境设置完毕，一方面其他设备可以访问本机的公用共享文件

夹，并且可以在"共享"中显示本电脑，另一方面关闭了密码保护，在访问本电脑的共享时就无须输入用户名和密码了。

（2）设置共享文件夹

接下来就可以设置共享的文件夹了。

步骤 **01** 找到需共享的文件夹，在其上单击鼠标右键，选择"属性"选项，如下左图所示。

步骤 **02** 切换到"共享"选项卡，单击"共享"按钮，如下右图所示。

 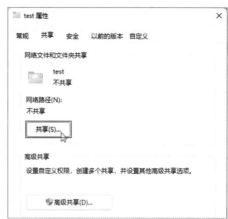

步骤 **03** 输入"everyone"，单击"添加"按钮。

步骤 **04** 添加该用户组后，单击其"权限级别"的"读取"下拉按钮设置权限，完成后，单击"共享"按钮，到这里共享已经完成。

（3）访问共享文件夹

访问共享文件夹的方式有很多，最常用的是使用"Win+R"键启动"运行"对话框，输入"\\共享设备的IP地址\"，单击"确定"按钮，如下左图所示，然后就会弹出该设备的共享文件夹，如下右图所示，双击即可访问共享文件夹中的内容。

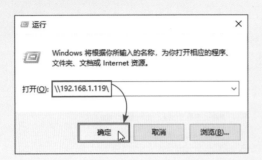

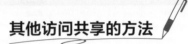

用户还可以在资源管理器中输入"\\共享设备的IP地址\"；还可以双击"网络"，从中查看所有共享的主机，找到并访问共享的主机。